AF465485

LE LIVRE DE GLACE.

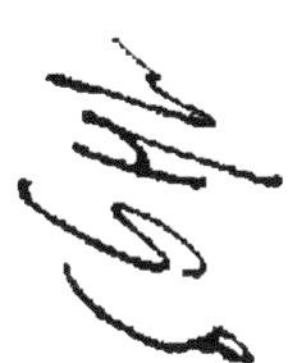

IMPRIMERIE DE GUILLOIS,

Faubourg Saint-Antoine, 123, *cour de la Bonne-Graine*, 14.

LE LIVRE
DE GLACE

OU

HISTOIRE CONCISE ET ABRÉGÉE

De tout ce qui regarde la Glace

Depuis son premier usage en Europe, comme article de luxe, jusqu'au temps présent.

AVEC DES INSTRUCTIONS

Sur la manière de produire de la Glace pure et solide, au moyen de l'Appareil frigorifique, suivies d'un recueil de recettes pour faire les glaces et les crêmes ou fromages glacés.

PARIS.

AU DÉPOT DES MACHINES FRIGORIFIQUES,

Chez LAHOCHE, *Palais-Royal, galerie Valois,* N. 153.

1845.

TABLE DES MATIÈRES.

PRÉFACE.

Un livre nouveau, de même qu'une nouvelle connaissance a besoin d'une Introduction avant qu'on puisse lui témoigner la moindre attention. Celui-ci ne fait point exception à la règle générale. Nous allons donc y joindre quelques mots qui feront mieux connaître le but qu'on s'est proposé en l'écrivant.

En premier lieu, il servira lui-même d'introducteur auprès du public à une *nouvelle invention ;* ensuite il traitera de cette partie de l'art des confiseurs assez répandue, mais mal connue, et donnera sur ce sujet des instructions précieuses. Nous voulons parler de la composition des glaces et de l'usage de la glace en général.

On peut dire, d'abord, que l'invention nouvelle

dont il s'agit, c'est-à-dire, un appareil pour faire facilement et instantanément la Glace, était dès long-temps généralement recherché et que son utilité sera journellement mieux sentie et mieux appréciée même dans les classes auprès desquelles ces sortes d'inventions trouvent rarement accès. En second lieu, le besoin d'un livre de ce genre se faisait sentir depuis long-temps. La préparation des glaces, un des rafraîchissements les plus délicieux, a jusqu'à présent été abandonnée au confiseur qui était rarement capable de les faire dans la perfection. En suivant fidèlement les instructions contenues dans les pages suivantes, on peut, en employant l'appareil, se procurer des glaces en moins de cinq minutes, et l'opération est en même temps si simple, qu'elle peut être faite par la personne la plus inhabile. Les familles qui vivent à la campagne peuvent être persuadées qu'aucune invention moderne ne se présente à elles avec autant de droits à leur approbation, et de garanties de réussite que celle dont nous donnons ici des explications détaillées. Aucune maison ne saurait désormais être complète sans elle. Par sa construction bien entendue, elle est devenue un objet d'ornement pour les salles à manger, et son utilité dans la cuisine ne peut être contestée ; il est donc certain que cet appareil deviendra bientôt indispensable dans tous les climats et dans toutes les demeures où la santé et le comfortable sont considérés pour quelque chose.

Les recettes pour faire des glaces à l'eau et à la crême, sont redigées, arrangées avec le plus grand soin. On a ajouté à celles déjà connues, plusieurs manières tout-à-fait nouvelles, qui rehausseront encore l'utilité domestique de l'ouvrage. Enfin, on n'a épargné ni travail ni dépense pour rendre le livre complet dans toutes ses parties, et l'auteur espère qu'on le parcourra avec autant de plaisir qu'on éprouvera de satisfaction en voyant les résultats que donne la machine, qui y est recommandée.

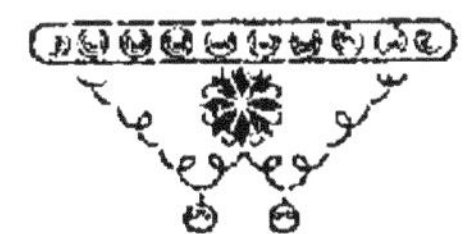

INTRODUCTION.

« Durata et alte concreta glacies »

Si une époque particulière est en droit de prendre le titre glorieux d'*époque des Inventions*, c'est sans contredit la nôtre. Il n'y a aucune profession, quelque mince qu'elle soit, d'entreprise, quelque grande qu'elle puisse être, qui n'ait l'avantage des machines pour économiser le temps, accélérer un travail donné, et concourir à sa perfection. Nous avons des villes autrefois séparées de nous de plus d'une journée de voyage, où maintenant, avec l'aide de l'art, nous arrivons en peu d'heures. Les ombres même de l'atmosphère qui s'évanouissent presqu'au moment de leur apparition, peuvent être daguerréotypées sur le chevalet de l'artiste, et ainsi, l'apparition fugitive peut être perpétuée à jamais.

L'art s'est maintenant occupé d'une des productions de la nature, jusqu'à présent regardée comme inimitable, c'est-à-dire que non content de fabriquer avec de la glace différentes choses à l'usage de l'homme, il a voulu que l'homme *fabriquât* la glace *lui-même*. Ainsi, ni les chaleurs de l'été ni celles du tropique, ne l'empêchent plus de se procurer cette précieuse substance, il pourra donc fabriquer en peu d'instants les rafraîchissements les plus délicieux. La glace, ainsi fabriquée, est aussi pure que le cristal. Aucune particule nuisible, même la plus petite, ne peut entrer dans sa composition, ce n'est que de l'eau de source cristallisée.

Il serait inutile d'énumérer ici les avantages qui peuvent être retirés d'une production expéditive de glace ; son utilité est trop bien connue. Mais, on ne peut passer sous silence le bienfait que cette invention apporte pour la première fois aux pays chauds. Avec cette machine. à bord d'un vaisseau, on peut avoir continuellement de la glace, et les personnes qui habitent les Indes ou d'autres contrées brûlantes ne tarderont plus à apprécier cette invention, qui leur donnera les moyens de résister à l'action énervante d'un climat, pour lequel elles ne sont pas nées et qui détruit leur santé. Ce qui la recommande plus particulièrement, c'est la promptitude avec laquelle on peut faire l'opération et la facilité de transporter la machine à volonté ce qui tient à sa construction, et aussi à ce qu'on n'a pas besoin d'avoir une grande provision de glace ou de neige pour produire la glace : embarras qu'on ne pouvaitéviter.

On est frappé d'étonnement en voyant les immenses et coûteuses glacières, remplacées par une petite machine élégante, d'un usage facile, commode à transporter, et en même temps si simple, qu'un enfant peut s'en servir.

On devait être surpris avec raison, qu'un article si généralement recherché, d'un emploi si étendu en médecine et si indispensable pour la confection de beaucoup des délicatesses de la table, ne fût pas encore produit par des moyens artificiels ; il est certain que tandis que toutes les autres parties de la chimie étaient le but d'une attention profonde, celle-là était mise en oubli, et nous trouverons d'après notre sommaire historique, que fort peu de tentatives ont été faites à ce sujet depuis nombre d'années, bien que la nécessité n'en ait jamais été mise en question.

Sans doute, que les différentes gradations, pour amener à perfection le luxe le plus grand des contrées chaudes et des temps modernes, furent les suivantes. D'abord on conserva de la neige dans des trous faits dans la terre, et on mêlait un peu de cette neige dans les boissons ; ce procédé dut être mis en usage dans des temps bien primitifs. Ensuite, on fit bouillir de l'eau et on plaça le vase qui la contenait dans la neige ; ce moyen est mentionné par Aristote et par Galien.

Puis on appela en aide l'évaporation. Dans l'Indoustan, on se procure encore de la glace de cette manière ; et enfin, on employa le nitre pour refroidir l'eau qui contenait la liqueur dont on voulait se servir. Cette dernière découverte fut proclamée en 1550, par Villa-Franca, espagnol, mais nous croyons, ce qui est plus probable, que les Portugais la trouvèrent dans leurs possessions de l'Inde.

Depuis lors jusqu'à nos jours, si nous en exceptons quelques essais infructueux et fort coûteux, aucun progrès ne fut fait dans l'art de congeler l'eau par un procédé simple et efficace, jusqu'à l'invention de la machine que nous présentons.

L'usage de la glace, comme luxe et comme remède est très ancien. Hippocrate, célèbre médecin de l'île de Cos, dans la mer Egée, qui vivait quatre cent soixante ans avant J.-C., dit dans son 51me aphorisme de la seconde section : « Qu'il est dangereux de réchauffer, refroidir ou produire une » commotion subite dans le corps humain, de quelque » manière que ce soit, parce que tout ce qui » est excès est ennemi de la nature. Pourquoi courrait-on » le hasard, dans la chaleur de l'été, de boire » de l'*eau glacée* qui étant excessivement froide, » jette ainsi le corps dans un état bien différent de » celui où il était avant, et produit alors beaucoup » de mauvais effets. Malgré tout ceci, les hommes » ne veulent point prendre garde aux avertisse-

» ments, et préfèrent exposer leur vie et leur santé
» que de se priver du plaisir de boire *à la glace* »

Il y a aussi un récit d'une fête que Ptolomée donna à ses courtisans dans l'île d'Eléphantine ; ils étaient servis dans de la vaisselle double, où on avait mis de la glace qu'on avait fait venir des montagnes voisines.

Il est certain que durant l'Empire, les Romains regardaient la glace et la neige, comme essentielles à la santé et au luxe ; nous le voyons par quelques expressions. Les mots : *nivatæ potiones*, nous démontrent que les boissons froides étaient très estimées. Martial, parle aussi de « *nivarum colum* » ou passoire à neige. L'Espagne a longtemps été célèbre pour sa glace, ce qui n'est pas surprenant, la langueur qu'occasionne la chaleur en fait presque une nécessité. Le corps qui a soutenu quatorze ou quinze heures de soleil a besoin d'un stimulant, avant qu'il puisse endurer les fatigues du jour suivant.

Les Italiens font aussi une grande consommation de glace. Pisanellus, nous apprend que l'usage de la glace fut introduit en Sicile : les habitants vivant dans un pays chaud étaient très-sujets à des fièvres malignes, qui en emportaient un grand nombre, et il nous assure que ces fièvres perdirent de leur force après l'introduction de la glace parmi eux. La ville de Messine, à elle seule, compta mille morts de moins par an. Alors, pour éloigner d'eux ces maladies, les Siciliens, même les plus pauvres, firent chaque année leur provision de glace, comme ils l'auraient faite de vin ou de pain.

Dans le chapitre suivant, nous nous occuperons de la glace elle-même.

CHAPITRE II.

De la Glace.

On peut décrire la glace ainsi : Une substance fragile, d'ordinaire transparente, formée de fluides auxquels on a enlevé leur chaleur.

La gravité spécifique de la glace varie selon la nature et les circonstances de l'eau, la température de l'atmosphère, etc., etc. Le docteur Irving, qui accompagna le capitaine Phillips dans son voyage au pôle Nord, trouva qu'un morceau de glace la plus dure qu'il put se procurer, était d'une quatorzième partie plus légère que l'eau. L'expansion qu'éprouve l'eau durant sa congélation est un phénomène que les philosophes ont eu beaucoup de peine à expliquer ; mais le fait est qu'on ne peut le nier. M. Huygens fit éclater un tube de fer d'un demi-pouce d'épaisseur, par la seule force de cette expansion. Les académiciens *del Cimento*, dans le cours de leurs opérations à ce sujet, remplirent des obus et les vases les plus forts qu'ils purent se procurer avec de l'eau, celle-ci en se congélant rompit les vases et les obus en morceaux.

Nous avons aussi entendu dire, que, lorsque les ouvriers qui travaillent le fer veulent rompre de vieux obus, ils trouvent que la manière la plus expéditive est de les remplir d'eau, d'en bien boucher l'ouverture, après quoi, ils les exposent au froid. L'effet de cette force expansive peut être souvent observé ; on voit quelquefois des arbres, des rochers qu'elle a ployés et déchirés ; les noyers, les ormes et les chênes sont souvent fendus par le froid avec un bruit semblable à une explosion de poudre. Quand une couche épaisse de glace couvre la terre, et que d'autre glace continue à se former dessous, là, où il n'y a pas de place pour son expansion comme cela se rencontre souvent dans les glaciers de la Suisse, on l'a vue déchirer la couche supérieure avec de violentes explosions. Les voyageurs racontent, que vers les régions glacées du pôle, ils ont souvent entendu de pareilles détonations, aussi fortes que celles du canon.

L'augmentation de volume que l'eau subit en se congélant est attribuée principalement, par M. de Mairon dans sa dissertation sur la glace, à un nouvel arrangement de ses parties qui se fait alors. Il a observé que l'écorce glacée qui se forme sur l'eau, est composée de filaments qui se joignent uniformément et constamment à un angle de soixante degrés ; dans cette disposition angulaire, ils doivent évidemment occuper plus de place que s'ils étaient placés parallèlement. Il découvrit aussi que la glace, après qu'elle est formée, continue son expansion, si elle est exposée au froid, car ayant trouvé un morceau de glace qui n'était que d'un quatorzième plus léger que l'eau, il l'exposa pour quelques jours à la gelée; il trouva qu'après cette exposition le glaçon était devenu plus léger que l'eau d'une douzième partie, c'est-à-dire, qu'il s'était étendu d'une quatre-vingt-quatrième partie. M. de Mairon est d'opinion que ce fait expliquera suffisamment pourquoi on voit si souvent la glace se fendre dans les mares pendant qu'elle se forme; selon les expériences du docteur Black, la glace prend cent quarante-sept degrés de chaleur pour redevenir de l'eau.

L'eau, toutes les solutions qui peuvent être cristallisées, le bismuth et l'antimoine, étendent leur volume au moment de leur solidification, les plus grands obstacles ne peuvent résister à l'action de cette force expansive. Cette action se montre d'une manière remarquable dans les sols argileux et serrés. La gelée d'hiver les soulève et les relâche, alors les fibres délicates des plantes peuvent s'y introduire.

Les hommes eurent bientôt l'idée de refroidir l'eau sans glace ni neige; ils remarquèrent qu'elle se refroidissait plus vite quand elle avait été bouillie ou du moins réchauffée, en plaçant le vase qui la contenait, soit dans de la neige, soit dans un lieu très-exposé à l'air.

Pline parait donner cette invention comme venant de Néron. Nous savons, d'après une remarque de Suétone, qu'il aimait l'eau refroidie ainsi ; mais nous avons tout lieu de croire que l'invention est bien plus ancienne; elle semble même avoir été connue d'Hippocrate, du moins Galien pense ainsi, et Aristote la connaissait certainement, car il dit, que quelques personnes avaient coutume, lorsqu'elles voulaient réfroidir de l'eau, de l'exposer d'abord au soleil, ce qui ne tardait pas à la réchauffer. Il raconte aussi, que les pêcheurs de la mer Noire versaient de l'eau bouillante sur les roseaux dont ils se servaient pour pêcher sur la glace, afin qu'ils se gelassent plus promptement. Galien est encore plus précis à ce sujet, il nous apprend que la méthode dont nous venons de parler, était peu usitée en Grèce et en Italie, où on pouvait se procurer de la neige, mais elle était beaucoup employée en Egypte et dans d'autres pays très-chauds où l'on n'avait ni neige, ni puits d'eau froide. On mettait l'eau qui avait été bouillie dans des vases de terre, on l'exposait ensuite sur le haut des maisons pendant la nuit; le matin on humectait le dehors de ces vases avec de l'eau, et on les entourait de plantes fraîches : de cette manière, l'eau était froide toute la journée.

Athénée qui nous donne une pareille description, d'après un livre de Protagoras, remarque que les vases remplis d'eau devenue chaude par son exposition toute la journée au soleil, étaient entretenus mouillés toute la nuit par des domestiques destinés à cet office; le matin on les entourait de paille. Dans l'île de Cimolus on mettait l'eau réchauffer au soleil dans des vases de terre qu'on déposait ensuite dans les caves fraîches où l'eau devenait aussi froide que de la neige. On croyait généralement alors, que l'eau qui avait été chauffée ou bouillie se refroidissait plus vîte, et acquérait aussi un plus grand degré de refroidissement: c'est pour cela que dans les ouvrages des anciens on parle si souvent d'eau bouillie.

Le résultat des expériences des philosophes modernes a été bien différent. Si l'on place de l'eau froide et de l'eau bouillante (toutes les autres circonstances étant les mêmes) à la gelée, la première deviendra de la glace avant que l'autre soit refroidie. Mais quand on expose au froid de l'eau qui a été bouillie et de l'eau qui ne l'a pas été, toutes deux d'une chaleur égale, on peut s'attendre à ce que la première se congèle un peu avant l'autre. En bouillant, l'eau perd une grande portion de son air, celle qui n'a pas été bouillie est obligée de dégager cet air avant qu'elle puisse se congeler ; pendant cette opération, les particules sont constamment en mouvement, ce qui peut retarder sa congélation. L'eau qui a été bouillie, en se refroidissant, absorbe encore l'air ; mais d'après les observations de Mariotte, il lui faut sept à huit jours pour le faire.

Cependant, les expériences de Mariotte, Perrault, Marion et des académiciens *del Cimento*, ne nous montrent aucune différence perceptible dans le temps que l'eau bouillie ou non bouillie met à se congeler. Mais la première produisit de la glace plus dure et plus transparente, la glace de l'autre avait plus de bulles. Le Docteur Black d'Edimbourg, d'après ses propres expériences, assure le contraire; il dit que l'eau bouillie se gèle plus promptement que celle qui ne l'a pas été, si on laisse cette dernière parfaitement en repos ; mais si on la remue quelquefois avec une chocolatière, elle sera convertie en glace aussitôt que la première. Il explique cette différence de la manière suivante : un peu de mouvement hâte la congélation ; l'air qui rentre dans l'eau bouillie en occasionne, elle doit donc nécessairement se geler avant celle qui n'a pas été bouillie, si celle-ci est laissée en repos. Fahrenheit avait déjà remarqué, que l'eau tout-à-fait sans mouvement manifestait une température de quelques degrés au-dessous de glace, sans cependant se congeler.

M. Lichtenbourg, dit Beckman, avec lequel j'ai parlé de ces résultats contraires, m'assura qu'il n'était pas surpris de cette différence dans les expériences.

Le temps de la congélation est réglé par des circonstances que les philosophes ne connaissent pas encore suffisamment. Elle peut être hâtée par un certain mouvement, mais il ne doit pas être exagéré ; il faut que chaque particule qui forme la glace provenant ou des parois du vase ou tombant de l'atmosphère, puisse convertir instantanément en glace l'eau déjà suffisamment réfroidie, et les moindres accidents divers, même là où toutes les autres circonstances sont parfaites, occasionnent une différence dans le temps de la congélation.

On peut donc s'attendre à ce qu'il y ait de la différence, parce qu'en faisant bouillir l'eau de rivière on cause l'évaporation de l'acide aérien, et aussi parce que, par ce procédé, l'eau doit naturellement éprouver du changement.

Il est probable que le refroidissement de l'eau, chez les anciens, provenait plus de ce qu'on tenait le dehors des vases constamment mouillé que de ce qu'on faisait bouillir l'eau ; il paraît donc qu'on avait une fausse opinion sur la cause véritable, et parce qu'on attribuait le refroidissement de l'eau à ce qu'on la faisait bouillir, on parle peu de ce qui en était la vraie raison, elle ne leur paraissait apporter qu'un secours de peu d'importance ; cependant Galien et Athénée en font la remarque. Maintenant, nous savons que la chaleur diminue par l'évaporation. Un thermomètre entretenu mouillé et exposé à l'air, descend aussi longtemps que l'évaporation continue. En employant l'éther, le vitriol, ou encore mieux le nitre qui évapore très-rapidement, on peut faire geler l'eau au milieu de l'été ; et Cavallon vit à cette époque de l'année, un thermomètre de Fahrenheit qui était à 64° tomber en deux minutes par le moyen de l'éther à + 3°, c'est-à-dire à 29° au-dessous de glace.

C'est sur ce principe qu'est basé l'art de faire de la glace artificielle à Calcutta et autres contrées de l'Inde, entre 25° 30" et 23° 30" de latitude Nord où il n'existe jamais de glace naturelle.

Une autre méthode pour refroidir l'eau, connue de Plutarque, consistait à y jeter de petits morceaux de plomb. Cet auteur nous renvoie au témoignage d'Aristote, mais il n'est fait mention de cette circonstance dans aucun des ouvrages de ce philosophe qui sont venus jusqu'à nous. D'ailleurs, cette manière paraît trop inintelligible pour permettre à aucune opinion de se former à ce sujet, et l'explication qu'en donne Plutarque est encore moins claire que la chose elle-même. Il en est généralement ainsi de tout ce que racontent les Anciens. Nous apprenons, il est vrai, par leurs questions, qu'ils connaissent beaucoup de phénomènes, mais les réponses ne paient que rarement la peine qu'il faut se donner pour les comprendre, ils ne contiennent pas ordinairement une indication plus étendue et jamais une explication véritable.

Il paraît que l'usage de réfroidir les boissons pour la table des grands n'était habituel dans aucun pays, excepté en Italie et les contrées environnantes, avant la fin du seizième siècle. Au milieu de ce siècle, il n'y avait pas de caves à glace en France ; car, quand Ballon nous raconte dans le récit de ses voyages, en 1553, comment à Constantinople on conservait de la neige ou de la glace pendant tout l'été, pour réfroidir les sorbets, il nous assure que ses compatriotes pourraient user du même moyen, puisqu'il avait trouvé des caves à glace dans des climats plus chauds que celui de la France. Le mot *Glacière* ne se trouve dans aucun des vieux dictionnaires, pas même dans celui de Monet, imprimé en 1635. Champier, médecin qui accompagnait François Ier, lorsque celui-ci eut une conférence avec Charles-Quint et le Pape Paul III, à Nice, vit les Espagnols et les Italiens mettre de la neige, qu'ils avaient fait venir des montagnes, dans leur vin afin de le réfroidir. Il regarda cette coutume qui l'étonnait, comme étant très-malsaine; ceci prouve que de son temps elle n'existait pas à la cour de France.

Grand d'Aussy cite une anecdote racontée par Brantôme dont il tire la même conclusion. Le dauphin, fils de François Ier, avait l'habitude de boire une grande quantité d'eau à table, même lorsqu'il avait très-chaud; Dona Agnès Beatrice Pacheco, une des dames de la cour, par précaution, envoya chercher en Portugal des vases de terre, qui rendaient l'eau plus froide et plus saine, semblables à ceux dans lesquels on réfroidissait toute l'eau qui était bue à la cour de Portugal.

Comme on se servait de ces vases en Espagne et en Portugal, où on rafraîchissait aussi le vin avec de la neige, on aurait pu les adopter en France. On voit quelques fragments de ces vases dans plusieurs collections de curiosités. Ils sont faits de terre rouge et ne sont pas vernis, bien qu'ils soient lisses et aient un peu de brillant à leur surface, comme les vases Etrusques. Ils sont si peu cuits, qu'on peut les casser très-facilement avec les dents, et les morceaux se décomposent dans la bouche. Si on verse de l'eau dans ces vases, elle pénètre leur substance, alors, pour peu qu'on la remue on produit des bulles d'air, et si on l'y laissait, elle finirait par passer entièrement à travers.

L'eau qui est restée pendant un peu de temps dans ces vases, acquiert un goût que beaucoup de personnes trouvent agréable ; il vient sans doute de l'écorce du pin avec laquelle on les cuisait. Quand les vases sont neufs, ils remplissent mieux leur emploi, et doivent donner alors un goût plus agréable, si réellement ils font refroidir l'eau, ou la conservent froide ; ce résultat d'après l'opinion de ceux qui les ont vus, doit être attribué à l'évaporation. Ils ressemblent beaucoup à ceux dont se servent les Indiens pour faire la glace.

Vers la fin du seizième siècle, sous le règne de Henri III, l'usage de la neige dut être bien connu à la cour de France, mais le peuple le regardait comme une marque de luxe excessif et efféminé. Dans la satire spirituelle et sévère sur la vie voluptueuse de ce roi et de ses favoris, connue sous le nom d'*Ile des Hermaphrodites*, ouvrage très-digne d'être connu mais très-rare, nous trouvons un ordre des Hermaphrodites, qui exigeait qu'on ramassât partout de la neige et de la glace, afin qu'on pût rafraîchir les boissons, quand même en le faisant on courût le risque de prendre des maladies extraordinaires, qui alors semblaient devoir être la suite de cet usage.

Dans la description d'un festin, on dit, que de la neige et de la glace furent placées sur la table devant le roi, et qu'il en mit dans son vin ; car, l'art de le réfroidir sans l'affaiblir n'était pas encore connu. On employa le même moyen pendant les vingt-cinq premières années du dix-septième siècle.

Vers la fin de ce siècle, ce luxe dut être bien commun en France. Il y avait alors beaucoup de marchands de neige et de glace, c'était un commerce libre que tout le monde pouvait faire; cependant, le gouvernement qui ne pouvait jamais arracher du peuple assez d'argent pour fournir aux besoins d'une cour extravagante, forma vers la fin de ce siècle un monopole de ces froides marchandises; ceux qui affermaient le droit d'en faire commerce en élevèrent le prix de temps en temps, mais la consommation et le revenu décrûrent tant, qu'on trouva qu'il ne valait plus la peine de continuer la restriction, et le commerce fut rendu à sa liberté. Le prix baissa immédiatement et n'augmenta plus que par des hivers ou des étés plus chauds qu'à l'ordinaire.

La méthode de réfroidir les boissons en les plaçant dans de l'eau où on avait fait dissoudre du salpêtre, n'a pas pu être connue des anciens parce qu'ils n'avaient pas de ce sel. Ils auraient pu cependant produire le même degré de froid par d'autres sels qu'ils connaissaient qui auraient produit un meilleur effet, mais il ne l'essayèrent jamais, d'après ce que nous pouvons en apprendre. La propriété frigorifique du salpêtre fut découverte dans la première partie du seizième siècle ; on ne remarqua que très long-temps après que d'autres sels possédaient la même propriété.

Les Italiens l'employèrent les premiers ; et vers l'an 1550, toute l'eau et le vin bus à la table des riches Romains étaient réfroidis ainsi. L'Espagnol Blasius Villa-Franca, médecin à Rome, publia en cette année un livre sur la médecine, où il affirme plusieurs fois qu'il fut le premier à rendre publique cette découverte. Il est d'avis, que la première idée qu'on en eut, vint de ce qu'on remarqua que l'eau salée en été est plus froide que celle qui ne l'est pas. D'après les indications qu'il a illustrées par une gravure, on doit mettre le liquide dans une bouteille d'une forme ronde avec un long goulot, pour qu'on puisse la prendre plus commodément ; cette bouteille doit être plongée dans une autre plus large pleine d'eau froide. On doit jeter peu à peu du salpêtre dans l'eau, et pendant qu'il se dissout, il faut tourner rapidement la bouteille toujours dans la même direction. Villa-Franca croit que la quantité de salpêtre doit être égale à un quart ou à un cinquième de l'eau, et il nous assure, que quand il a été recristallisé on peut l'employer plusieurs fois au même usage, bien que cette assertion ait été rejetée.

L'auteur ne pensa pas à essayer si d'autres sels produisaient le même effet ; il explique celui-ci d'après les principes d'Aristote, et il règle l'usage qu'on doit faire de boissons glacées par rapport à la santé.

A la fin du seizième siècle, cette méthode pour réfroidir était bien connue, quoique Scappi, dans son livre sur la cuisine, n'en fasse pas mention. Marcus Antonius Zimmara en parle dans ses problêmes, mais on ne connaît pas l'époque précise de son existence. Dans une liste des professeurs de Padoue, on trouve en l'année 1525, son nom comme : *Explicator Philosophiæ Ordinariæ ;* et, comme en l'année 1532, on le trouve remplacé par un autre, on peut conjecturer avec raison qu'il mourut à peu près vers ce temps. Mais, dans ce cas, le médecin Villa-Franca aurait probablement connu le problême de Zimmara, et n'aurait pas dit, que personne avant lui n'avait publié l'usage du salpêtre.

Levinus Lemmius mentionne aussi l'art de réfroidir l'eau de cette manière, tellement que les dents peuvent à peine l'endurer. Bayle nous informe que la première édition de son ouvrage, fut publiée à Anvers l'année 1553 ; elle ne contient que les deux premiers volumes, mais comme la mention dont nous venons de parler est dans le deuxième, on doit l'y trouver.

Nicolas Monardes, médecin espagnol, qui mourût vers l'an 1578, fait aussi mention de l'usage du salpêtre. Il dit que cette méthode fut inventée par des esclaves des galères ; mais il la condamne comme préjudiciable à la santé. D'après quelques-unes de ses expressions, il y a tout lieu de croire qu'il ne la connaissait pas parfaitement et qu'il s'imaginait qu'on mettait le sel dans l'eau. A une période plus rapprochée, nous trouvons dans les livres de recettes, tel que celui de Mezalders, écrit en 1556, quelques remarques sur cette invention; dans la minéralogie d'Aldrovaldi, imprimée en 1648, ce procédé est décrit d'après Villa-Franca; mais l'éditeur Bartholomeus Ambrosianus, en parlant de sel, raconte qu'on avait l'habitude dans les endroits où l'eau fraîche était rare, de faire des trous en terre, on y jetait du sel de roche et on plaçait dedans des vases remplis d'eau, elle y devenait très-froide. Cette remarque prouve que le sel commun était alors employé pour le même usage, mais cela fait tomber l'éditeur dans une grande erreur. Il croit qu'on peut en conclure, que les potiers mêlent le sel avec leur terre, non-seulement pour rendre les vases qu'ils en forment plus compacts, mais aussi pour qu'elle soit plus propre à réfroidir l'eau ; il se trompe dans cette dernière supposition. L'addition du sel à la terre glaise produit un commencement de vitrification ; par cette préparation le vase devient si solide qu'il peut retenir des liquides, même lorsqu'il n'est pas vernis ; mais, à cause même de cela, il devient impropre à réfroidir l'eau, ce qui n'a lieu que par l'évaporation de l'eau qui s'infiltre au-dehors.

Le jésuite Cabeus, qui écrivit un long commentaire sur la *Météorologie* d'Aristote, qui parut en 1644, nous assure qu'avec trente-cinq livres de salpêtre, on peut, non-seulement réfroidir cent livres d'eau, mais qu'en l'agitant, on peut la changer en un bloc solide de glace, et rapporte une expérience qu'il a faite. Bartholin dit, qu'on peut ajouter foi au récit de Cabeus, mais Duhamel met en doute leur véracité, parce qu'il soupçonne que ce jésuite prit la cristalisation du sel pour de la glace. Personne dans les temps modernes, à notre connaissance, n'est parvenu à congeler l'eau par du salpêtre seul sans le secours de la glace ou de la neige. La poudre que possédait un duc de Mantoue, dans le milieu du dernier siècle, et qui, à ce qu'on dit, gelait l'eau au milieu de l'été, n'était peut-être que du salpêtre.

Considérait-on autrefois ce sel comme la cause du froid dans les contrées du nord-est et autres, parce qu'il servait à réfroidir les boissons ? Encore à présent beaucoup de fermiers diront que tel champ est froid, parce qu'il abonde en salpêtre.

On ne peut dire avec sûreté quel fut le premier qui eut l'idée de mêler au salpêtre ou à d'autres sels de la neige ou de la glace, ce qui augmente tellement le degré du froid, qu'un vase rempli d'eau placé au milieu de ce mélange peut se congeler en une masse solide. La première description qu'on en trouve est de Latinus Tancredus, médecin à Naples; il écrivit un livre appelé « *De famâ et siti* » publié en 1607, où il parle de cette expérience, et il nous assure que le froid est tellement augmenté par le salpêtre, qu'un verre rempli d'eau, placé dans le mélange dont nous avons parlé et tourné avec vitesse devenait de la glace solide.

On publia en 1626, le commentaire si bien connu de Sanctorius, sur les œuvres d'Avicenne. L'auteur raconte qu'en présence de beaucoup de spectateurs, il avait converti du vin en glace, non pas avec un mélange de neige et de salpêtre, mais avec de la neige et du sel commun. Quand le sel était égal au tiers de la neige, le froid devenait trois fois plus intense que lorsqu'on se servait de la neige seule.

Lord Bacon, qui mourut en 1626, dit qu'on venait de trouver une nouvelle méthode pour rendre la neige et la glace si froides par le moyen du salpêtre, qu'on pouvait geler l'eau avec ce mélange ; on peut aussi, disait-il, produire avec ce résultat du sel commun. Sans doute, il appelait ainsi le sel de roche non purifié ; il ajoute, que dans les contrées chaudes où il n'y avait pas de glace, on en faisait avec du salpêtre seul, mais qu'il n'en avait jamais fait l'expérience. M. Bayle, qui mourut en 1691, fit des expériences avec diverses espèces de sel, et il décrit comment, avec l'aide du sel, un morceau de glace peut être gelé à un autre corps solide. Descartes nous apprend que de son temps, ce phénomène était bien connu et il le trouvait très-digne d'attention.

Depuis lors, on trouve la description de l'art de faire la glace dans les ouvrages de tous les philosophes lorsqu'ils traitent de la chaleur et du froid, et on l'a introduite *avec plusieurs expériences différentes dans tous les livres de recettes*. On l'employait seulement comme amusement, et personne ne soupçonnait qu'il pût jamais être appliqué à un usage de conséquence ; c'est ainsi que les lettres de change de Fagger ne furent d'abord regardées que comme utiles aux joueurs, et l'invention de la poudre traitée de découverte frivole.

Au commencement du dernier siècle, des fruits glacés et des coupes formées de glace furent imaginés pour la première fois ; mais vers la fin du siècle, les Français congelèrent de cette manière toute espèce de liqueur parfumée. Ce fut une grande innovation dans l'art de la cuisine, elle devint bientôt commune chez les Allemands ; et depuis ce temps, nos confiseurs en fabriquèrent pour servir de rafraîchissements dans les bals et aux théâtres.

La plus ancienne mention qu'on trouve de cette invention, est dans le roman de Barclay appelé *Argénis* ; l'auteur en parle plusieurs fois. Arsidas trouve dans le milieu de l'été, à la table de Juba, des pommes fraîches dont une moitié était couverte d'une couche de glace transparente. On lui donna aussi un gobelet fait de glace et rempli de vin ; on lui apprit que la préparation de toutes ces choses était un art nouveau. On conservait la neige toute l'année dans des trous faits en terre. On plaçait deux vases en cuivre l'un dans l'autre, de manière à ce qu'il y eût un espace entre eux qu'on remplissait d'eau ; on mettait ensuite les vases dans un seau au milieu d'un mélange de neige et de sel non purifié, grossièrement pilé ; l'eau en trois heures était convertie en bloc solide de glace de la forme d'un vase, comme s'il était sorti des mains d'un potier. De cette manière, on couvrait aussi des pommes avec une couche de glace.

En 1660, Procope Couteaux, italien venu de Florence. conçut l'heureuse idée, aussitôt après l'invention de la limonade, de convertir cette boisson en glace d'après un procédé employé par les jongleurs. La vente rapide qu'obtint son invention, engagea d'autres à faire des articles du même genre, et son exemple fut suivi par Lefèvre et Foi ; tous trois jouirent pour quelques années du monopole de ce nouveau rafraîchissement.

En 1676, des liqueurs réfroidies ou congelées par la glace, devaient être les objets principaux vendus par les limonadiers, car, lorsqu'ils furent formés en compagnie, à-peu-près à cette époque, on nomma dans la patente qui leur fut donnée, les rafraîchissements suivants : « *Eaux de gelée et glaces de* » *fruits et de fleurs, d'anis et de canelle, fran-* » *gipane, d'aigre de citre, du sorbée, etc.* »

Il y avait alors à Paris, deux cent cinquante fabricants de glaces. En 1690, quand de la Quintinie écrivait, les liqueurs glacées étaient très communes. Dans l'année 1750, Dubuisson, successeur du célèbre Procope, commença à tenir constamment prêtes, pendant toute l'année, des glaces de toutes les espèces, pour l'usage de ceux qui les aimaient. D'abord elles furent peu recherchées, excepté dans la canicule; mais quelques médecins les recommandèrent pour certaines maladies. Dubuisson fit deux cures principalement par le moyen des glaces; après cela, la partie la plus clairvoyante de la population en fit usage dans toutes les saisons de l'année. Afin que les acheteurs ne perdissent point leur goût pour ces douceurs, ceux qui les vendaient tâchèrent de présenter toujours de nouvelles inventions : une des dernières fut celle de glacer le beurre. Elle fut d'abord connue au café du Caveau, à Paris; le duc de Chartres y allait souvent prendre un verre de liqueur glacée, et le propriétaire lui ayant un jour présenté, à sa grande satisfaction, ses armes formées de glace propre à être mangée, ces sortes de choses devinrent à la mode.

CHAPITRE III.

Manière de conserver la Glace, etc.

On peut conserver la neige dans un lieu sec, en la couvrant bien avec des roseaux, de la paille ou encore de la paille menue.

En Italie, on se sert beaucoup de cette dernière. La glacière a seulement besoin d'être un trou profond fait sur le côté d'une montagne, afin qu'on puisse facilement faire un écoulement pour laisser échapper l'eau provenant de la glace fondue, car si on l'y laissait, elle fondrait le reste.

Si le terrain est sec, on ne double pas les glacières, on les couvre seulement avec un toît de chaume. on les emplit avec de la neige ou de la glace la plus pure ; parce qu'on ne s'en sert pas comme en Angleterre pour placer les bouteilles dedans, mais pour mêler avec le vin. Une autre manière consiste à couvrir le fond d'un trou avec de la paille menue, on y met ensuite la glace, en ayant soin qu'elle ne touche pas les bords; pour cela on forme une couche de cette menue paille entre la terre et la glace; arrivé en haut, on couvre encore soigneusement avec de la paille menue. La glace arrangée ainsi se conserve aussi longtemps qu'on veut. Quand on en prend, on entoure le morceau avec de la paille hachée, et on peut le transporter ainsi très-loin sans en perdre.

Les Anciens, dans les temps les plus reculés connaissaient la manière de conserver la neige. Salomon parle de cette coutume, et il y en a tant de preuves dans les ouvrages des Grecs et des Romains, qu'il est inutile de les citer.

On ne nous dit pas expressément comment les endroits où on la conservait étaient construits, mais il est probable que la neige était conservée dans des fossés. Quand Alexandre assiégea la ville de Pétra, il fit creuser des fossés qu'il remplit de neige; on les couvrit ensuite de branches de chêne et la neige ainsi préparée se conservait très-longtemps. Plutarque dit qu'une couverture de paille menue et de toile grossière suffit.

On se sert de la même méthode encore en Portugal ; on ramasse la neige dans une gorge, on la couvre avec de l'herbe ou des gazons verts recouverts avec le fumier des troupeaux, et là dessous elle est si bien conservée, que durant tout l'été on l'envoie à Lisbonne d'une distance de 60 lieues.

Lorsque les Anciens voulurent avoir des liqueurs glacées, ils burent de la neige fondante ; ils en mirent dans leur vin, ou bien ils plaçaient leurs amphores pleines de vin dans la neige et les y maintenaient autant qu'ils le jugeaient à-propos.

Il est probable, d'après le témoignage de différens auteurs, qu'on conservait de la glace pour le même objet. Cependant, il ne semble pas qu'on en ait fait un usage aussi fréquent dans les contrées méridionales que dans celles du Nord.

Encore de nos jours, on emploie la neige en Italie, en Espagne et en Portugal ; toutefois en Perse c'est la glace qu'on préfère ; on ne rencontre nulle part que les Grecs ou les Romains aient possédé des glacières. Les écrivains qui ont traité d'agriculture n'en font aucune mention, ce qui fait raisonnablement supposer qu'elles n'étaient pas en usage.

Nous devons parler maintenant de la formation de la glace par évaporation ; c'est un procédé naturel au moyen duquel la chaleur est puissamment absorbée par la vapeur de l'humidité, tandis que cette dernière passe à l'état de gaz, en se combinant avec l'air sec ; ce procédé semble avoir été pratiqué dans les chaudes régions de l'Orient, à une époque très-reculée, suggéré probablement par l'usage ordinaire d'une poterie grossière, non vernie, qui servait pour toutes les préparations culinaires.

Les Egyptiens et les autres habitants des plages brûlantes du Levant, ont à des époques fort anciennes employé les vases poreux pour rafraîchir l'eau qu'ils voulaient boire. Athénée rapporte d'après Protagoras, que le roi Antiochus en avait toujours une provision pour sa table, rafraîchie par ce moyen. Après avoir soigneusement transvasé l'eau dans des cruches de terre, on les transportait sur la partie la plus élevée du palais où on les exposait à l'air vif de l'atmosphère ; deux valets étaient chargés de les veiller pendant toute la nuit et d'entretenir constamment l'humidité sur leurs parois extérieures. Cette manière de tenir mouillée la surface des jarres, semble avoir été plus tard abandonnée, par suite sans doute de l'emploi qu'on fit d'une sorte de vases en terre d'une nature plus poreuse. Galien dans ses commentaires sur Hyppocrate, rapporte qu'il connaissait le procédé employé à cette époque pour rafraîchir les boissons, non-seulement à Alexandrie, mais par toute l'Egypte. L'eau qu'on avait fait bouillir d'abord était versée dans des terrines plates, puis, placée sur le comble des maisons et y restait exposée à l'air durant la nuit; et pour conserver la fraîcheur qu'elle acquérait ainsi, les terrines étaient enlevées dès l'aurore, et rangées dans un lieu bien ombragé, où on les entourait de feuilles d'arbres, d'élagages de vignes, de laitues et autres semblables débris.

Les vases ou poches, nommés *Alcurrazzas*, faits de peau de bouc, dans lesquels les Arabes nomades ont coutume de transporter leur légère provision d'eau permettant à une certaine quantité du liquide de s'évaporer, le rend en conséquence comparativement plus frais et plus approprié à soulager la soif intolérable que fait naître la fatigue d'un long voyage à travers les déserts brûlants.

Dans la Guinée, on a l'habitude de remplir des gourdes ou calebasses avec de l'eau, et de les suspendre durant toute la nuit aux branches extérieures des arbres. Les Maures introduisirent en Espagne une sorte de bocal de terre, appelé *bucaros*, qui, rempli d'eau, présente à l'air une surface toujours humide et fournit par l'évaporation durant les temps secs et chauds un breuvage constamment frais.

Le même moyen a été adopté par degrés dans plusieurs contrées méridionales de l'Europe. Dans l'Inde, pendant certains mois, on maintient la fraîcheur dans les appartements en jetant de l'eau contre les grillages de roseaux ou de bambous, qui doublent les portes et l'extérieur des murailles. Les marins qui aiment le luxe dans leurs voyages sous les tropiques, ont coutume de faire rafraîchir leurs boissons en entourant les bouteilles avec de la flanelle mouillée, et en les suspendant à une vergue ou au-dessous des fenêtres de leur cabine.

Dans ces circonstances l'effet est accéléré, sans être augmenté par la vivacité du courant d'air. Ce qu'on a appelé rafraîchissoirs égyptiens, et que nos potiers reproduisent, est moins propre à cette opération ; ces vases sont très-épais, ils ont besoin seulement d'être trempés dans l'eau, et l'évaporation de la surface rafraîchit l'air adjacent. Dans l'intérieur où la bouteille se trouve placée, l'action, par suite du peu d'humidité, doit être considérablement affaiblie. Dans un temps humide, ces vases sont tout-à-fait inutiles.

Les natifs de l'Inde sont pareillement à même de se procurer par un procédé très-ingénieux d'évaporation, une provision de glace durant leur court hiver. Dans les contrées supérieures, non loin de Calcutta, on choisit une grande plaine découverte, où on fait des tranchées d'environ trente pieds carrés sur deux de profondeur, dont on recouvre le fond à l'épaisseur d'environ un pied, avec des cannes à sucre ou des tiges sèches de blé indien.

Sur ce lit, on place par rangs de petites cuvettes en terre non vernie qui ont un pouce un quart de profondeur et sont très-poreuses. A la chûte du jour, durant les mois de décembre, janvier et février on les remplit d'eau douce que l'on a d'abord fait bouillir, puis réfroidir. Quand l'eau est bien reposée et bien claire, elle se gèle en grande partie pendant la nuit. Les cuvettes sont alors régulièrement visitées au soleil levant, et leur contenu versé dans des corbeilles qui retiennent la glace. On transporte ces dernières aux glacières qui consistent en un trou, de la profondeur de quatorze à quinze pieds, bien garni de paille, et couvert d'une épaisse couverture.

On jette dans cette cavité toutes les parcelles de glace recueillies pendant la nuit, et on les entasse en masse solide ; la bouche de cette espèce de puits est recouverte de paille et d'autres couvertures de laine grossière, et abritée par un toit de chaume.

Plusieurs expériences ont été faites par la société de Saint-Pétersbourg sur les mélanges frigorifiques, et par M. Walker de Cambridge. Les sels sont les solides dont on se sert le plus communément, et on les emploie, même en général, avec de la neige ou des acides. Ainsi, si nous mêlons du sel commun avec de la neige, la température tombera à zéro du thermomètre de Fahrenheit ; si nous versons deux onces d'acide nitrique délayé avec une égale quantité d'eau, sur trois onces de sulfate de soude, la température tombe au-dessous du commencement de l'échelle de Fahrenheit. Deux parties égales de neige et d'acide muriatique fort, produisent un froid de 30° Fahrenheit. La même porportion d'acide sulfurique et de neige préalablement réfroidies jusqu'à — 20° produiront la congélation du mercure, en abaissant la température à — 60°. Le muriate de chaux pur et la neige pilée, dans la proportion de deux parties du premier et d'une de la dernière, si on les réfroidit en les plongeant dans le sel et la neige, abaisseront la température à — 60°. Et enfin, trois parties de muriate de chaux et deux de neige, traitées de la même manière, réduiront la température à — 73°. Dans toutes ces expériences, c'est la soudaine conversion de la chaleur sensible en chaleur latente, qui abaisse la température des mélanges ; les substances prennent la forme liquide, leur capacité pour la chaleur s'accroît, et la disparition de la chaleur sensible se manifeste par l'abaissement du thermomètre. Au moyen d'une opération particulière, on peut geler un liquide par sa propre évaporation, c'est le principe du badinage philosophique de Wollasston, appelé *Cryophorus*, qui a été ingénieusement appliqué à la pratique d'un important dessein, par feu Sir John Leslie ; c'est-à dire, « la production de la glace à bon marché dans tous les climats. » L'appareil employé par ce philosophe, est une pompe à air d'une grande puissance, pouvant absorber en même temps de trois à six récipients plats d'environ douze pouces de diamètre.

Ces récipients sont ajustés à différentes plaques qui se lient à la pompe, et chacun est pourvu d'un robinet d'arrêt. Une capsule plate en verre, destinée à contenir une légère couche d'acide sulfurique est placée sous chaque récipient, et une coupe de terre poreuse, supportée par un trépied en verre d'environ un pouce au-dessus de la surface de l'acide se trouve sous chaque récipient. En manœuvrant la pompe à air, chaque récipient peut être absorbé successivement. La cessation subite de la pression atmosphérique occasionne l'évaporation rapide de l'eau, dont la vapeur est immédiatement absorbée par l'acide sulfurique et le vide se soutient ainsi. La chaleur latente nécessaire à la conversion de l'eau en nuée ou vapeur par l'acide, aussitôt qu'elle est formée, entretient le vide, conduit promptement l'eau au degré nécessaire de congélation et forme bientôt un bloc de glace. Au moyen d'une machine de cette espèce bien établie et bien disposée, un quart-d'heure de travail suffit pour terminer l'expérience, et dans l'espace d'une heure au plus, on peut obtenir six livres de glace solide. Pendant l'expérience, l'eau perd seulement un quatorzième de son volume, et l'acide sera encore suffisamment énergique pour faire d'autres expériences du même genre.

Pour montrer que la glace peut être employée en ornements, nous devons parler d'un palais de glace, bâti par l'impératrice Anne de Russie, sur les bords de la Newa en 1740, et qui produisait un effet magique, surprenant, lorsqu'il était illuminé. Un autre palais semblable fut bâti à Moscou pendant le dernier siècle. Quoique dans les temps modernes on ait cherché à beaucoup approfondir ce sujet, ils ne paraît pas que les anciens en eussent indiqué la route, car il y a toute apparence qu'ils ignoraient complètement les moyens artificiels de congélation, et même ceux qui produisent un simple rafraîchissement. L'application du nitre au réfroidissement de l'eau semble avoir suggéré aux Italiens, à la fin du seizième siècle, l'idée de le mêler avec de la neige. Ils obtinrent alors, un degré très-intense de froid, capable de convertir en glace solide l'eau contenue dans de petits vases plongés dans ce mélange en dissolution.

Sanctorius, qui peut être regardé comme le père de la physique moderne, en parle aussi dans ses commentaires sur Avicenne, disant : qu'il produisait le même effet en employant du sel commun, au lieu de nitre, dans la proportion d'un tiers avec de la neige, et qu'il a souvent répété cette expérience en présence de nombreux spectateurs. De l'Italie cette découverte se propagea graduellement dans le reste de l'Europe, et dans le cours du seizième siècle, les crêmes glacées, les fruits et diverses confitures, se produisirent, pour la première fois, sur les tables de luxe.

Le fameux café Procope, fut fondé à Paris en 1660, par un limonadier Florentin, qui eut de très-grands succès dans l'art de faire des glaces. Trente ans après, l'usage de ces douceurs artificielles était devenu commun à Paris.

On fait usage extérieurement de la glace dans plusieurs maladies où l'application d'un froid intense est nécessaire, et particulièrement dans les maladies du cerveau. On l'emploie pour la congélation des crêmes, liqueurs, etc., etc., et pour frapper le champagne et autres boissons. Dans divers cas d'indigestion chronique, on se sert encore de la glace qu'on fait avaler par petites portions.

CHAPITRE IV.

Appareil pour faire de la Glace.

Quoique depuis fort longtemps on fasse usage des glaces, avant l'invention de cet appareil aucune application de la mécanique n'avait été satisfaisante pour opérer une bonne confection; on a fait des tentatives nombreuses dans ce genre, avec le secours des procédés chimiques pour produire la Glace brute, et rarement on s'est occupé du moyen de glacer les crêmes avec promptitude et économie.

Ces tentatives ont échoué les unes et les autres en devenant impossibles dans la pratique ; les unes, à cause de l'imperfection du mécanisme, les autres, à cause de la dépense qui n'était pas en rapport avec les résultats ; toutes à-peu-près par la difficulté de les mettre à la portée de tout le monde. Aucune de ces objections ne peut être opposée au procédé que nous allons décrire, et qui déjà a obtenu tant de succès.

Avant de donner une description détaillée de cette machine et des diverses modifications que comporte l'usage du procédé, nous devons mentionner quelques avantages qu'elle possède et qu'aucun des essais faits jusqu'ici n'avait pu atteindre.

Toute personne un peu au fait de la manipulation des crêmes et des boissons douces glacées, doit s'être aperçue que la délicatesse particulière de ces préparations, loin d'être le résultat de la congélation en elle-même, consiste au contraire dans le degré de finesse, de douceur et de moëlleux qu'on peut leur faire acquérir durant la congélation, par un fouettement régulier et presque sans interruption.

Or, si ce fouettement n'a pas lieu, les crêmes,

etc., etc., qui sont soumises à ce procédé souffrent naturellement, les parties pauvres et aqueuses de la préparation sont séparées du reste; dans cet état de séparation elles se solidifient; il faut ensuite en les dressant pour les servir les mêler de nouveau, et il arrive souvent, que, malgré le choix particulier qu'on a fait des substances employées, elles se trouvent complètement séparées durant la congélation à défaut d'un fouettement régulier, qui réellement ne peut s'obtenir en travaillant à la main, à un degré égal à celui effectué par la machine. En effet, il serait contraire à toute expérience de penser qu'il en pût être ainsi ; la mécanique appliquée aux arts donne constamment des produits uniformes et meilleurs que ceux exécutés par la main des hommes sans le secours de cet auxiliaire.

On comprend, par ce qui précède, qu'un des grands avantages de cet appareil consiste à donner aux glaces, cette délicatesse, cette pâte fine et homogène, bien différente de celle qu'on obtient par le simple travail manuel ; ce qui recommande encore cette machine, c'est que toute personne quelqu'inexperte qu'elle soit, peut, à l'aide de quelques instructions contenues dans ce livre, commencer son opération et être certaine du succès, accomplissant ainsi sans peine et sans embarras ce qu'elle n'aurait pu faire qu'à l'aide d'une longue expérience. Tout ce qu'il est nécessaire de faire pour obtenir le fouettement indiqué, consiste simplement à tourner la manivelle, ce qu'un enfant de douze ans peut exécuter avec un léger effort.

Cette machine à glace peut servir de baratte pour faire le beurre ; et pour donner une idée de la variété des usages auxquels on peut l'appliquer, nous dirons qu'elle a été employée à solidifier le caoutchouc dans une manufacture de bretelles.

L'appareil est bien établi, et peut figurer sans inconvénient au milieu des meubles d'une cuisine, d'un office ou d'une salle à manger.

Tous les appareils sont construits de la même manière ; il n'y a que la grandeur qui diffère. Le meuble renferme un baquet qui en occupe la partie supérieure, et se trouve placé au-dessus des engrenages qui font tourner la sorbetière ; cette dernière est en étain, on la place sur le sommet entaillé d'une flèche de fer passant au travers du baquet, sous lequel il existe, en outre, un tuyau d'écoulement qu'il est inutile de décrire. Le baquet est en outre muni d'un robinet pour le soutirage des eaux, soit qu'elles proviennent de la glace et du sel employés, ou de celles des mélanges frigorifiques, et dont on fait usage comme il sera dit à son lieu. Un moule en métal de forme cylindrique, à double parois, remplit le tour du baquet. Ce moule qu'on peut remplir d'eau, sert à protéger les parois du baquet de l'intensité d'action des mélanges, à prévenir au moins en partie l'absorption de la chaleur, et utiliser ainsi les effets des réfrigérants; l'on en extrait après chaque opération une couronne de glace ayant la même forme.

On comprendra de suite par ces indications :

1° que la sorbetière occupe le centre ;

2° que le moule remplit le pourtour du baquet ;

3° que l'espace qui existe entre ces deux récipients, sert à mettre les réfrigérants qu'on veut employer.

En se conformant strictement aux instructions qui vont suivre, on ne peut manquer d'obtenir les résultats que nous promettons.

CHAPITRE V.

Instructions pour faire la Glace au moyen des mélanges frigorifiques.

1° Remplir d'eau pure le moule en métal et le placer dans le baquet, puis le couvrir ;

2° Ajuster la sorbetière sur la flèche et y verser le mélange qu'on veut congeler, la boucher ensuite soigneusement (il faut, lorsqu'on congèle au moyen des mélanges frigorifiques adapter le volant à la sorbetière, il est destiné à soulever les sels et à favoriser leur dissolution. Quand on congèle avec de la glace ou de la neige il n'est pas nécessaire de s'en servir.)

3° Diviser les mélanges que nous indiquons en autant de doses qu'il est nécessaire pour chacun d'eux ;

4° Verser la première dose du mélange dans l'espace central qui existe entre le moule et la sorbetière, en ayant soin d'observer que le robinet soit bien fermé, et couvrir la machine avec son couvercle ;

5° Tourner la manivelle, ni trop vite, ni trop doucement, pendant tout le temps indiqué, pour que le mélange puisse faire son effet (1);

6° Lorsque le temps indiqué est révolu, il faut s'arrêter, ouvrir le robinet et laisser écouler dans le rafraîchissoir la première dose, fermer le robinet, insérer successivement de la même manière et avec les mêmes précautions les doses suivantes, les soutirer aussi de la même manière jusqu'à la fin de l'opération

Nous avons dit que lorsqu'on voulait congeler au moyen de la glace, on n'avait pas besoin de se servir du volant, et nous devons ajouter que pour l'opération par ce moyen, il faut remplir l'espace qui existe entre le moule et la sorbetière avec de la neige ou de la glace pilée très-fin; on l'entasse autour de la sorbetière avec un pilon carré, et l'on y jette par couches du sel commun ou du salpêtre dans la proportion d'une livre de sel pour trois livres de glace ou de neige. Cela fait, on remplit le moule, la

(1) Voir à la fin du chapitre suivant, les doses pour chaque machine, et le laps de temps nécessaire pour l'action de chacune d'elles.

sorbetière, on place les couvercles aux deux récipients, et celui de la machine par-dessus, on met la spatule dans la sorbetière ou tourne pendant le temps nécessaire pour congeler le mélange que contient la sorbetière, et au bout de 20 à 25 minutes, quel que soit le mélange, il doit être arrivé à la consistance de pommade moëlleuse et délicate.

La couronne de glace se forme seule ensuite, sans qu'il soit besoin d'autre chose que d'accroître le niveau de glace que l'enlèvement de la sorbetière a nécessairement fait baisser.

Pour extraire du moule la glace qui s'y est formée, il suffit d'en frotter les parois avec une éponge imbibée d'eau tiède; au bout de quelques secondes, la glace en sortira facilement.

Chaque appareil est accompagné de trois spatules; la plus simple sert à prendre les glaces dans la sorbetière; celle qui a trois aîles, sert à faire le beurre; la troisième est destinée au fouettement des glaces. Pour que l'utilité de cet instrument soit bien comprise, il est nécessaire que nous ajoutions quelques mots à ce que nous avons dit précédemment, à propos de la confection des glaces.

Quand on veut faire des glaces, après avoir versé le mélange dans la sorbetière on doit y insérer la spatule dont nous parlons, et traversant les deux supports et la spatule avec la tringle de fer, cette dernière tient la spatule immobile, et la sorbetière tourne autour ; mais, il faut bien se garder de la laisser ainsi durant tout le temps de la congélation, car le fouettement continu des glaces de couleur ou autres pourrait leur être préjudiciable. Ainsi il faut de temps à autre laisser tourner la spatule avec la sorbetière ; de temps à autre l'arrêter jusqu'à ce que les glaces soient devenues ce qu'on désire qu'elles soient.

Pour faire le beurre, il n'y a rien à changer à l'appareil, au lieu de mélanges ou de glace, on verse de l'eau chaude dans le baquet (s'il en est besoin), et on tourne la manivelle après avoir placé la crême et la spatule dans la sorbetière.

On devra observer que pendant et après la congélation avec les mélanges, les doses qui sont tombées dans le coffre qui se trouve au bas de la machine, ont subi un abaissement sensible de température et sont très-propres à rafraîchir les liquides qu'on peut y placer, au nombre de 4, 6, 8 et 10 bouteilles selon la force de la machine. C'est pourquoi nous l'appelons rafraîchissoir.

CHAPITRE VI.

Sur les mélanges frigorifiques.

L'intensité du froid produit par des mélanges, est en proportion avec la rapidité avec laquelle les différentes substances se dissolvent dans l'eau, et cette disposition à se dissoudre est en proportion avec la quantité d'eau qu'il faut à chacune de ces substances pour former une solution.

Quand un liquide est parvenu a son degré de glace, la chaleur combinée ou libre devient sensible, et disparaît.

Quand un liquide a dépassé le degré de glace, il se sépare encore d'une chaleur insensible, nommée la chaleur de fluidité, pour seconder la diminution de sa capacité spécifique pour la chaleur, parce que tous les fluides et les liquides sont plus susceptibles de s'échauffer que les substances solides qui les ont produits. Ainsi de l'eau à 50° Fahrenheit, étant refroidie jusqu'à zéro, perd :

18° jusqu'au degré de glace.
140° sa chaleur de fluidité.
32° entre le degré de glace et zéro.

Alors, une livre de mélanges frigorifiques absorbe 158° d'une livre d'eau qu'on veut glacer, avant d'être réduit de 50° pour glacer à 32°, ou juste la même quantité de chaleur est perdue par l'eau à glacer, qu'il en faudrait pour élever un poids égal d'eau depuis 50° jusqu'à 208°.

On verra alors, que tous les mélanges frigorifiques, en rendant sensible ou libre, la chaleur libre ou latente insensible, sont pour cette cause capables de recevoir une grande quantité de chaleur, de quelque substance que ce soit avec laquelle elles se trouvent en contact.

On verra aussi que les sels qui ont le plus grand attrait pour l'eau, sont ceux qui seront le plus utile pour cet effet. Ainsi, dans le mélange de neige ou de glace pulvérisée avec du chlorure de calcium, de la potasse pure ou de l'alcohol, respectivement, une plus grande quantité d'eau est absorbée par ces substances que par aucune autre, et conséquemment, elles produisent un froid plus intense qu'aucune autre substance. Quand on ne peut pas se procurer de la glace ni de la neige, on fait usage de différens sels, on choisit non-seulement ceux qui ne produisent aucune action chimique l'un sur l'autre, mais ceux qui se dissolvent le plus rapidement dans l'eau. Dans le petit nombre de cas où une combinaison chimique a lieu dans le mélange frigorifique, on a l'intention de mettre à profit la qualité particulière de l'eau nommée puissance dissolvante.

Ainsi, *dix livres* ou cinq litres d'eau feront dissoudre *quatre livres* de sel marin, ou *une livre et demie* de nitre, ou *deux livres et demie* de phosphate de soude, ou *cinq livres* de sulfate de soude, ou *dix livres* de carbonate de potasse, ou enfin, *vingt livres* de chlorure de calcium.

Mais l'eau, après qu'elle a fait dissoudre autant que son propre poids de chlorure de calcium, fera dissoudre encore une petite quantité de chacune des autres substances, et de cette manière, augmentera l'effet d'un simple mélange, pourvu que la quantité ne soit diminuée d'aucune manière, car c'est une règle générale de la philosophie naturelle, qu'une diminution de volume est suivie d'un développement de chaleur, et que l'accroissement de volume produit un plus grand froid, en conséquence d'une absorption de chaleur.

Les mélanges frigorifiques sont un exemple du dernier cas ; et un mélange d'acide sulfurique avec la quatrième partie de son poids d'eau, dont la température s'élève à l'instant jusqu'à 300°. Fahrenheit est un exemple du premier cas.

La proportion d'eau de cristallisation contenue dans les sels employés dans ces mélanges, fait considérablement augmenter ou diminuer leur action frigorifique, car, quand un sel n'a pas dans sa composition la proportion d'eau qui lui est naturelle, une perte considérable de froid est la conséquence invariable après une absorption d'eau, qui en devenant solide, rend sensible une chaleur qui existe, d'accord avec la loi physique « qui veut, que quand une va- » peur devient liquide, ou qu'un liquide devient » solide, il s'échappe de la chaleur, *et vice versà.* »

Ainsi, quand de l'eau se transforme en vapeur, une quantité de chaleur est absorbée par l'eau, cette chaleur est tirée de la fournaise ou bien de la chaleur naturelle qu'elle contient en elle même ; et quand la vapeur redevient de l'eau, de la chaleur est communiquée à tous les objets environnants, ou le besoin de chaleur naturelle produit une absorption de chaleur tirée de tous les objets avec lesquels la vapeur se trouve en contact.

De même, quand on a mélangé en proportions convenables, du chlorure de calcium sec et de la neige, le thermomètre descend de + 50° à — 40°, ce qui produit une force frigorifique de 90°, ou la capacité d'absorber autant de chaleur qu'il en faudrait pour réfroidir un poids égal d'eau depuis 140° jusqu'à 50°.

Mais quand le même poids de chlorure de calcium (contenant son eau de cristallisation), est mêlé avec la même quantité de neige, le thermomètre tombe de + 50° jusqu'à — 50° ayant la force de faire glacer juste 10° de plus qu'avant, ce qui fait une différence de 20° de froid perdus pour l'opération dans le premier cas, mais gagnés dans le second. La même chose aurait lieu, si on employait le sulfate de soude, ou l'hydrochlorate d'ammoniac, ou du nitrate d'ammoniac, etc.

Le froid produit par ces mélanges, dépend beaucoup de la manière dont le mélange est fait ; car, si on mettait trois livres de chlorure de calcium en un ou deux morceaux, auprès de cinq livres de glace dans le même état, ces substances se dissoudraient si lentement que quoiqu'elles absorbassent conjointement la même quantité de chaleur pour devenir liquides, toutefois, et à cause de celle fournie par les objets environnants et la substance même qu'on voudrait glacer, on n'obtiendrait qu'un résultat insignifiant, sinon négatif.

Mais si ces substances étaient pulvérisées, elles produiraient un froid intense au point que cinq livres de glace en poudre bien mêlées avec trois livres de chlorure de calcium suffiraient pour congeler trente-neuf livres de mercure, ou soixante livres d'eau.

Plus les sels se fondent rapidement, plus le froid sera grand, et plus ils sont divisés, pulvérisés, avant d'être mêlés, plus vite ils se fondront.

Lowitz a trouvé d'après les expériences qu'il a faites, que la force frigorifique de la neige et du sel marin peut être représentée par 100 ;

De la neige, du sel marin et du sel ammoniac . .	200
De la neige, du nitre, du sel marin, et du sel ammoniac par	300
De la neige, du sel marin, du nitrate d'ammoniac .	500
De la neige et du chlorure de calcium	1500
De la neige et de l'alcohol	2000

En d'autres termes : un poids égal de chacune de ces substances, en proportion convenable, produirait l'effet suivant :

De la neige et de l'alcohol feront glacer vingt fois autant que de la neige et du sel marin.

De la neige et du chlorure de calcium quinze fois autant.

De la neige, du sel marin, et du nitrate d'ammoniac cinq fois autant.

De la neige, du nitre, du sel marin, et du sel ammoniac trois fois autant.

De la neige et du sel ammoniac deux fois autant.

MÉLANGES FRIGORIFIQUES AVEC DE LA GLACE OU DE LA NEIGE

	Mélanges.	*Parties.*		*Le Thermomètre tombe.*		*Degrés de froid produits.*
1	De la neige ou de la glace pulvérisée.	3	De quelque température que ce soit.	Jusqu'à	—	32°
	Sel ordinaire.	1				
2	Neige ou glace pulverisée	3		»	—	32°
	Soude. . . . . , . . .	1				
3	Neige ou glace pulverisée	2		»	—	5°
	Muriate de soude.. . .	1				
4	Neige ou glace pulverisée	5		»	—	12°
	Muriate de soude. . .	2				
	Muriate d'ammoniac. .	1				
5	Neige ou glace pulverisée.	24		»	—	18°
	Muriate de soude. . .	10				
	Muriate d'ammoniac.. .	5				
	Nitrate de potasse. . .	5				
6	Neige ou glace pulverisée	12		»	—	25°
	Muriate d'ammoniac. . .	5				
	Muriate de soude. . .	5				
7	Neige.	3	de	+32°	jusqu'à	—23°=55°
	Acide sulfurique dilué. .	2				
8	Neige.	8	»	+32°	»	—27°=59°
	Acide muriatique. . .	5				
9	Neige.	7	»	+32°	»	—30°=62°
	Acide nitrique dilué.. .	4				
10	Neige.	4	»	+32°	»	—40°=72°
	Muriate de chaux. . .	5				

CONTINUATION DES MÉLANGES.

	Mélanges.	*Parties*		*Le Thermomètre tombe.*		*Degrés de froid produits.*
11	Neige. . . . . Muriate de chaux cristal.	2 3	»	+32°	»	—50°=82°
12	Neige. . . . . Potasse.	3 4	»	+32°	»	—51°+83°
13	Neige. . . . . Acide nitrique dilué. . .	3 2	»	0°	»	—46°=46°
14	Neige. . . . . Acide sulfurique dilué. . Acide nitrique dilué. . .	8 3 3	»	—10°	«	—56°=46°
15	Neige. . . . . Acide sulfurique dilué. .	1 1	»	—20°	»	—60°=40°
16	Neige. . . . . Muriate de chaux. . .	3 4	»	+20°	»	—43°=63°
17	Neige. . . . . Muriate de chaux. . .	3 4	»	—10°	»	—54°=64°
18	Neige. . . . . Muriate de chaux. . .	2 3	»	—15°	»	—68°=53°
19	Neige. . . . . Muriate de chaux cristal.	1 2	»	0°	»	—66°=66°
20	Neige. . . . . Muriate de chaux cristal.	1 3	»	—40°	»	—73°=33°
21	Neige. . . . . Acide sulfurique dilué. .	8 10	»	—68°	»	—91°=23°

MÉLANGES FRIGORIFIQUES SANS GLACE.

	Mélanges	*Parties.*	*Le Thermomètre tombe.*		*Degrés de froid produits.*
1	Muriate d'ammoniac.	5	depuis +50°	jusqu'à	+10°=40°
	Nitrate de potasse.	5			
	Eau.	16			
2	Muriate d'ammoniac.	5	» +50°	»	+ 4°=46°
	Nitrate de potasse.	5			
	Sulfate de soude.	8			
	Eau.	16			
3	Nitrate d'ammoniac.	1	» +50°	»	— 7°=57°
	Carbonate de soude.	1			
	Eau.	1			
4	Eau.	1	» +50°	»	+ 4°=46°
	Nitrate d'ammoniac.	1			
5	Sulfate de soude.	3	» +50°	»	— 3°=53°
	Acide nitrique dilué.	2			
6	Sulfate de soude.	6	» +50°	»	—10°=60°
	Muriate d'ammoniac.	4			
	Nitrate de potasse.	2			
	Acide nitrique dilué.	4			
7	Sulfate de soude.	6	» +50°	»	—14°=64°
	Nitrate d'ammoniac.	5			
	Acide nitrique dilué.	4			
8	Phosphate de soude.	3	» +50°	»	—12°=62
	Acide nitrique dilué.	4			

CONTINUATION DES MÉLANGES.

	Mélanges.	*Parties.*	*Le Thermomètre tombe.*	*Degrés de froid produits.*
9	Phosphate de soude. . .	3	» +50° »	— 0°=50°
	Nitrate d'ammoniac. . .	6		
	Acide nitrique dilué. . .	4		
10	Sulfate de soude. . . .	8	» +50° »	— 6°=50°
	Acide muriatique. . .	5		
11	Sulfate de soude. . . .	5	» +50° »	+ 3°=47°
	Acide sulfurique. . . .	4		
12	Hydrochlorate d'ammoniac pulverisé. . . .	5	» +50° »	—10°=60°
	Nitrate de potasse. . .	5		
	Eau	16		
13	Sulfate de soude. . . .	6	» +50° »	—10°=60°
	Hydrochl. d'ammoniac. .	4		
	Nitrate de potasse. . .	2		
	Acide nitrique dilué. . .	4		
14	Phosphate de soude. . .	3		
	Sel ammoniac pulverisé.	2		
	Salpêtre.	1		
	Vitriol dilué.	2		
	Eau.	1		

Il ne sera nullement nécessaire de faire des observations sur les mélanges, quand il y entre de la glace ou de la neige, mais il y aura quelques mots à dire sur les mélanges frigorifiques sans glace.

Quoique les acides soient très-nécessaires dans les mélanges sans glace, l'auteur n'en recommande pas l'usage à cause des accidents qui pourraient arriver, les mélanges n° 1, n° 2, n° 3 et n° 4 peuvent être transportés dans des vases ou du papier, et envoyés partout sans aucun danger, ce sont ces mélanges-là qu'il recommande le plus. Le mélange n° 4, peut être employé cent fois si l'on veut, si on a le soin de le mettre au four dans un vase, et de l'y laisser jusqu'à ce que l'eau soit évaporée, alors le nitrate d'ammoniac resté au fond aura autant de force qu'auparavant, et perdra y compris l'eau près de 3/8e de sa quantité. Le n° 3 est moins dispendieux que le n° 4, mais il ne peut pas être employé une seconde fois aussi bien, parce que le carbonate de soude ne se divise pas aisément du nitrate d'ammoniac.

Dans tous les cas où l'on emploie de l'acide nitrique ou sulfurique mêlé d'eau, il faut que le mélange soit préparé quelques heures avant qu'on en ait besoin, parce que en y ajoutant l'eau, une quantité considérable de chaleur s'en détache. Le n° 9 est un très-bon mélange ; mais comme il y entre de l'acide, il sera nécessaire d'avoir un second couvercle sur la machine pour empêcher que l'odeur désagréable ne s'en échappe.

Beaucoup de personnes trouveront que l'usage des acides serait dangereux, à cause de leur qualité brûlante sur les vêtements des domestiques ou autres personnes qui n'auraient pas des soins nécessaires, et que l'odeur qu'ils exhalent serait très-désagréable si on n'avait pas le soin de tenir hermétiquement fermée la machine après que le mélange est fait.

Par rapport à la dépense, il faut remarquer que les mélanges avec des acides sont un peu moins coûteux, leur action frigorifique est plus intense, mais elle a moins de durée.

Ainsi un mélange de sulfate de soude et d'acide muriatique, gèle pendant huit minutes et produit un froid de 50°, au lieu que le nitrate d'ammoniac mêlé à l'eau fait geler pendant quinze minutes, mais atteint un degré de froid bien moins bas.

Si on veut faire de la glace avec des mélanges où entrent des acides, il faut avoir soin de mettre les sels avant l'acide.

Placez le mélange dans la machine jusqu'à la marque dans l'intérieur ; il faudra auparavant, avoir placé la sorbetière et la spatule ; mettez le couvercle et tournez un peu vite ; mais si vous faites glacer avec de la neige ou de la glace, la spatule est inutile.

De la division et de l'usage des Mélanges frigorifiques.

Le modèle n° 1, contient par chaque dose 3 kil. de mélanges ;

Le modèle n° 2, contient par chaque dose 5 kil. 500 gr. de mélanges ;

Le modèle n° 3, contient le double du précédent.

Le mélange n° 1 se divise en 26 parties. Ainsi, pour le modèle n° 1, il faudra 9 kil., pour les trois doses, soit :

575	grammes	sel ammoniac	par dose.
575	»	nitrate de potasse	
1850	»	eau	

Pour le modèle n° 2, il faudra 16 kil. 500 gr. pour les trois doses, soit :

1055	grammes	sel ammoniac	par dose.
1053	»	nitrate de potasse	
3390	»	eau	

La durée de l'action de ce mélange est de 15 minutes pour la première dose ; 20 pour la seconde, et 20 pour la troisième.

Le mélange n° 2 se divise en 34 parties. Ainsi, pour le modèle n° 1, il faudra, etc.

440	grammes	sel ammoniac	par dose.
440	»	nitrate de potasse	
705	»	sulfate de soude	
1415	»	eau	

Pour le modèle n° 2, il faudra :

815	grammes	sel ammoniac	par dose.
815	»	nitrate de potasse	
1285	»	sulfate de soude	
2585	»	eau	

La durée d'action de ce mélange est la même que pour le précédent.

Le mélange n° 3 se divise en 3 parties, soit pour le modèle n° 1.

1000 grammes	nitrate d'ammoniac		
1000 »	carbonate de soude	par dose.	
1000 »	eau		

Pour le modèle n° 2.

1833 grammes	nitrate d'ammoniac	
1833 »	carbonate de soude	par dose.
1834 »	eau	

Ce mélange se comporte comme les précédents, pour la durée d'action.

Le mélange n° 4 se divise en 2 parties, soit pour le modèle n° 1.

1 kil. 500 gr.	nitrate d'ammoniac	par dose.
1 » 500 »	eau	

Pour le modèle n° 2.

2 kil. 750 gr.	nitrate d'ammoniac	par dose.
2 » 750 »	eau	

La durée d'action de chaque dose est de 15 à 20 minutes.

Le mélange n° 5 se divise en 5 parties:

Pour le modèle n° 1.

1800 grammes sulfate de soude 1200 » acide nitrique dilué	par dose.

Pour le modèle n° 2.

3300 grammes sulfate de soude 2200 » acide nitrique	par dose.

Ce mélange a besoin d'être renouvelé au bout de 5 minutes, la première fois ; de 7, la seconde ; de 9, la troisième ; et ainsi de suite, en accroissant de 2 minutes chaque fois.

Nota. Il en est de même, à une ou deux minutes près, pour tous les mélanges où entrent les acides.

Nous pensons qu'au moyen des divisions qui précèdent, il ne sera difficile à personne de répartir pour chaque mélange que nous passons sous silence, les doses convenables pour opérer régulièrement. Nous devons répéter, que lorsqu'avec les acides on emploie des sels, il faut toujours insérer les sels les premiers ; de même, que dans ceux où il entre de l'eau, cette dernière doit être généralement versée sur les sels ; les phosphate et sulfate de soude entrant dans presque tous les mélanges, il est bon d'observer qu'on insère ordinairement ces sels les premiers, et qu'après avoir versé l'eau par-dessus, on insère les sels restants sans distinction.

Si on désire obtenir un froid plus durable, on peut ajouter un quatrième mélange qu'on peut, au bout du temps nécessaire, faire couler dans la partie où l'on fait rafraîchir le vin ; on pourrait même ajouter un cinquième mélange. On peut aussi faire glacer de l'eau en la mettant dans la sorbetière, et pour faire sortir le bloc de glace, il suffit de tremper l'extérieur dans de l'eau à peine tiède.

Du soin de la Machine.

Lorsqu'on a terminé une opération avec la machine, il est de toute nécessité de bien la nettoyer. Le moule, le volant et la sorbetière, doivent être trempés dans de l'eau propre et essuyés avec force, ou bien placés assez près du feu pour les sécher; on lavera ensuite le baquet pour en détacher les sels qui pourraient y être restés, ainsi que le rafraichissoir; on essuiera le baquet, la machine et généralement tout ce qui peut recevoir les atteintes des mélanges dont on peut essayer; afin d'éviter la rouille, le vert-de-gris, etc., et sur les engrenages et dans le robinet. La machine n'a pas besoin d'autre entretien. Toutefois, il faut bien observer que la sécheresse peut nuire au baquet, et l'humidité aux ferrements, etc. Dans le cas où de l'eau viendrait à s'échapper par le mince espace où tourne la flèche, il faut au moyen de la clé qui accompagne la machine, ôter l'écrou, enlever le chanvre qui se trouve autour de la flèche, y en substituer une autre mêche graissée avec du suif; faire descendre ce chanvre dans le bas de la flèche (ce qu'on obtient en posant l'écrou sur le chanvre et en tournant la manivelle), puis, serrer l'écrou comme il était auparavant.

GLACES A L'ITALIENNE

au citron.

Prenez six citrons, pressez-en le jus dans une terrine, ajoutez le zest de deux d'entre eux; mettez une livre six onces de sucre et huit onces d'eau, faites fondre ; passez le tout au tamis, vous aurez un litre de composition, glacez, etc., etc.

à l'orange.

Prenez quatre oranges et un citron, enlevez le zest de deux oranges que vous mettez dans le jus des quatre oranges et du citron, ajoutez une livre six onces de sucre, huit onces d'eau, passez au tamis et glacez.

à la groseille.

Prenez dix onces de groseilles bien mûres, passez-les au tamis, ajoutez-y le jus d'un demi citron, une livre un quart de sucre et six onces d'eau, passez au tamis et glacez. Un litre.

Les glaces suivantes se font de la même manière et avec les mêmes quantités :

Framboise, pêche, abricot, cerise, raisin et melon.

Glace à la crême jaune ou blanche.

Prenez seize onces de sucre, douze œufs, le jaune seulement, un pot de crême et demi-bâton de vanille ; mettez dans une casserole le sucre et les jaunes d'œufs, mêlez-les avec une spatule en bois pendant quatre minutes, ajoutez le pot de crême, et mettez sur un feu doux (ajoutez la vanille), et remuez pendant dix minutes ; ôtez du feu, passez au tamis et glacez.

On fait de même, les glaces avec *odeur de gérofle, de canelle, de chocolat, de café, etc.*

Glace de crême blanche au Moka.

Prenez dix œufs, les blancs seulement ; mettez-les dans une casserole, battez-les avec une fourchette jusqu'à ce qu'ils montent, versez-y seize onces de sucre, un pot de crême, une once de café en grains cuit; vous placez sur un feu doux pendant dix minutes en remuant comme pour la vanille, passez au tamis et glacez, etc.

Pour conserver les fruits pour les glaces durant toute l'année :

Prenez tel fruit qu'il vous plaira, bien mûr, passez-le au tamis, après ce, mettez-le dans une bouteille bien bouchée et cordée, mettez la bouteille dans un chaudron avec de l'eau, et faites bouillir pendant quarante minutes ; ainsi se font toutes espèces de conserves pour glaces.

Glace à la crème au chocolat.

Faites fondre quatre ou six onces de chocolat, mêlez-le avec un demi-litre de crême, un peu de lait et une demi-livre de sucre. Passez au tamis ; faites glacer. Un litre.

POUR LA COULEUR.

Faites bouillir pendant cinq minutes sur un feu doux : une once de cochenille, une once de sel d'absinthe, un demi-litre d'eau, trois onces de crême de tartre et une once d'alun. Otez du feu avant d'ajouter les deux dernières substances, qu'il faut ajouter très-lentement, de crainte que le mélange ne tourne. Si on veut conserver cette couleur, il faudra employer au lieu d'eau, du sucre clarifié.

Glace au vin.

Prenez un demi-litre de vin, de n'importe quelle espèce ; sur un morceau de sucre, râpez l'écorce de quatre citrons et d'une orange ; mélangez avec ce morceau de sucre le jus de l'orange et des citrons ; ajoutez le vin avec une petite quantité d'eau et un quart de litre de sucre clarifié, faites glacer. Un litre.

Glace au punch.

Prenez trois quarts de litre de glace au citron, ajoutez un verre de nectar, la même quantité de vin de champagne et autant de rhum, et le jus de deux oranges, faites glacer. Un litre. Avec cela, on pourrait faire du

Punch à la romaine,

En battant le blanc de quatre œufs et mêlant une demi-livre de sucre en poudre. Il faut que la glace soit parfaitement prise avant d'ajouter les œufs et le sucre.

Glace au nectar.

Un demi-litre d'eau et la même quantité de nectar, mêlez et faites glacer. Un litre.

Glace au punch.

A trois-quarts de litre de glace au citron, ajoutez

un verre de rhum blanc, autant de vin de Champagne, un verre d'eau-de-vie peu colorée, et un demi-verre de gelée chaude. Au lieu de vin et de rhum, on peut mettre deux verres de nectar, faites glacer. Un litre.

Glace au punch.

Râpez l'écorce de deux citrons, prenez le jus de six citrons, le jus de deux-oranges, un quart de litre d'eau, un demi-litre de sucre clarifié. Mélangez, ajoutez un verre de rhum, un verre d'eau-de-vie et autant de nectar ; faites glacer. Un litre.

Punch à la Victoria.

Râpez deux citrons, prenez le jus de six, le jus de deux oranges, un quart de litre d'eau et un demi-litre de sucre clarifié. Mélangez, passez au tamis ; faites glacer ferme. Ajoutez un verre de rhum, la même quantité de nectar, autant d'eau-de-vie ; ajoutez de la glace, l'alcohol la fera fondre. Battez le blanc de trois œufs jusqu'à ce qu'il soit ferme ; ajoutez au blanc d'œuf, un quart de sucre ; remuez légèrement, mettez dans la sabotière, et mêlez le tout lentement. Un litre.

GLACES A L'EAU.

Ces glaces sont très-différentes des glaces à la crême, tant par rapport au mélange, que par rapport au goût ; les unes ayant la consistance de la crême, et les autres étant seulement l'eau la plus pure, parfumée avec des fruits. La manière supérieure de faire des glaces dans la machine que nous décrivons dans ce livre, les rend délicieuses.

Glace à l'eau au citron.

Râpez l'écorce de trois citrons sur un morceau de sucre ; prenez le jus de six citrons, et celui d'une orange, un demi-litre de sucre clarifié, un quart de litre d'eau. Mélangez, passez au tamis, faites glacer. Un litre.

OU BIEN :

Prenez une quantité suffisante de citrons, six ou huit pour un litre ; râpez-en l'écorce de deux ou trois sur un morceau de sucre que vous réduisez en poudre; exprimez le jus des citrons, ajoutez celui de deux oranges, un quart de litre d'eau et un demi-litre de sucre clarifié. Passez au tamis ; faites glacer.

à l'orange.

Râpez l'écorce de trois oranges ; prenez le jus de quatre, un quart de litre d'eau, le jus de deux ou trois citrons, un demi-litre de sucre clarifié. Mélangez ; passez au tamis ; faites glacer. Un litre.

OU BIEN :

Prenez la même quantité d'oranges qu'il y a de citrons, pour faire la glace au citron, et faites de même que pour cette glace, seulement ne râpez l'écorce que de la moitié des oranges ; et ayez le soin de ne pas râper trop fort, ce qui rendrait la glace amère ; on peut ajouter une cuillerée de gelée chaude. Passez au tamis et faites glacer.

aux raisins.

Prenez le jus de quatre citrons, l'écorce d'une orange râpée, un quart de litre d'eau, un demi-litre de sucre clarifié, deux verres de sirop de raisin, un verre de vin de Xerès. Passez au tamis ; faites glacer. Un litre.

à l'ananas.

Prenez une demi-livre d'ananas frais, bien écrasé dans un mortier ; ajoutez le jus d'un citron, un quart de litre d'eau, un demi-litre de sucre clarifié. Passez dans un tamis ; faites glacer. Un litre. L'ananas peut être ajouté comme dans la crême à l'ananas ; page 90.

aux cerises.

Une livre de griottes écrasées dans un mortier avec les noyaux ; ajoutez le jus de deux citrons, un quart de litre d'eau ; un demi-litre de sucre clarifié, un verre de la liqueur appelée noyau, un peu de couleur. Passez au tamis ; faites glacer. Un litre.

à la groseille.

Un demi-litre de groseilles rouges, le jus de deux citrons, un quart de litre d'eau, un demi-litre de sucre clarifié, un peu de couleur. Passez au tamis ;

faites glacer. Un litre. Quelques framboises peuvent être ajoutées pour augmenter le parfum.

à la vanille.

Ecrasez deux gousses de vanille dans un mortier ; mettez un quart de litre d'eau dans le mortier afin de ne rien perdre ; mettez le tout dans une terrine avec une livre de sucre. Faites bouillir ensemble ; faites passer dans un tamis, et ajoutez le jus d'un ou deux citrons ; faites glacer. Un litre.

aux pêches.

Prenez six belles pêches, le jus de deux citrons, un demi-litre de sucre clarifié, un quart de litre d'eau. Passez au tamis ; faites glacer. Un litre.

aux fraises.

Un litre de fraises rouges, le jus de deux citrons, un quart de litre d'eau, un demi-litre de sucre clarifié, un peu de couleur. Faites glacer. Un litre.

aux framboises.

Un litre de framboises, le jus de deux citrons,

un quart de litre d'eau, un demi-litre de sucre clarifié. Ajoutez un peu de couleur; faites glacer. Un litre.

aux mille fruits.

Râpez l'écorce de deux citrons, prenez le jus de six citrons, le jus d'une orange, un quart de litre d'eau, un demi-litre de sucre clarifié, deux verres de sirop de raisin, un verre de vin de Xerès, une demi-livre de fruits confits coupés très-fins. Quand la glace est prise, ajoutez le fruit.

au melon.

Une demi-livre de melon très-mûr, écrasé dans un mortier, le jus de deux citrons, un quart de litre d'eau, un demi-litre de sucre clarifié. Passez au tamis, faites glacer. Un litre.

à l'épine vinette.

Prenez une quantité suffisante de sirop d'épine vinette, le jus de quatre citrons, un quart de litre d'eau, un demi litre de sucre clarifié et un peu de couleur. Passez au tamis; faites glacer. Un litre.

OU BIEN :

Ajoutez du sirop d'épine vinette à de la glace au citron pour la parfumer.

Sirop d'épine vinette.

Choisissez les plus belles et les plus mûres de vos épines vinettes, faites les bouillir dans du sucre clarifié à peu près dix minutes ; laissez réfroidir et mettez en bouteilles

aux abricots.

Prenez six abricots bien mûrs, écrasez-les au travers d'un tamis avec le jus de deux citrons ; ajoutez-y les amandes pilées, un demi-litre de sucre clarifié, un quart de litre d'eau ; passez au tamis et faites glacer.

aux pommes.

Coupez en quartiers plusieurs belles pommes, ôtez-en les pépins, mettez-les dans une terrine, faites bouillir jusqu'à ce qu'elles prennent une bonne consistance, écrasez au travers d'un tamis, mêlez avec une glace au citron à votre goût. Faites glacer.

au gingembre.

Prenez six onces du meilleur gingembre confit, écrasez-en les deux tiers dans un mortier et coupez le reste en tranches très-minces, ajoutez une quantité suffisante de glace au citron (à-peu-près un litre); mêlez et faites glacer.

pour clarifier le sucre.

Prenez douze livres de sucre, six litres d'eau, la moitié d'un blanc d'œuf battu en neige que vous ajoutez à l'eau, faites bouillir pendant dix minutes; passez à la chausse. Ce sucre ainsi clarifié sert pour les glaces à l'eau.

CRÊMES GLACÉES

aux fraises.

Prenez des fraises (les rouge-écarlates sont considérées comme les meilleures), mettez-les dans une cuvette, ajoutez-y du sucre en poudre avec une quantité de conserve de fraises égale au fruit, le jus d'un citron ou de deux selon votre goût, une petite quantité de lait frais; si les crêmes ne prenaient pas la consistance désirable assez vîte, on obtiendrait un résultat plus prompt en y ajoutant un peu de lait frais (ceci pour toutes les crêmes), et une pinte de bonne crême; mêlez et ajoutez un peu de couleur (dont nous avons donné la recette à la page 78); glacez. Un litre.

OU BIEN :

Quand on ne peut pas se procurer du fruit, on prend une livre de conserves de fraises, le jus d'un ou deux citrons, une pinte de crême, un peu de lait, de la couleur, et on glace le tout. Un litre.

aux framboises.

A une livre de conserve de framboises, ajoutez le jus d'un ou deux citrons, une pinte de crême, un peu de lait, de la couleur, et glacez. Un litre. Si les framboises sont de saison, on peut faire cette crême avec demi-portion de fruit et demi-portion de conserve, et une petite quantité de sucre relative au poids du fruit employé.

aux groseilles.

Se fait de la même manière que celles de fraises ou de framboises, seulement on y ajoute quelques-unes de ces dernières pour donner un bouquet.

aux mille fruits,

Prenez le jus de deux citrons, une pinte de crême, une demi-livre de sucre, un verre de vin, un verre de sirop de raisin ; mêlez et glacez ; ajoutez un quart de livre de conserves de fruits que vous couperez en morceaux, mêlez-les bien avec la glace et placez-la dans les moules. Un litre.

à l'italienne.

Râpez deux citrons sur un morceau de sucre, exprimez-en le jus, auquel vous ajouterez une pinte de crême, un verre d'eau-de-vie, un verre de liqueur au choix, une demi-livre de sucre, et glacez. Un litre.

de ratafia.

Prenez une pinte de crême, un peu de lait, une

demi-livre de sucre, les jaunes de deux œufs, deux onces de ratafia ; mettez le tout dans une casserole sur un feu doux, ou au bain-marie, ajoutez-y le jus d'un demi citron, quand le mélange sera froid, glacez ; prenez de plus, deux onces de ratafia que vous passerez au tamis, et vous l'ajouterez, quand le premier sera glacé avec un verre de noyau ou de marasquin. Un litre.

à l'ananas.

Prenez une demi-livre de semences d'ananas conservées ou bien fraîches, que vous pilez avec du sucre, ajoutez encore du sucre et du citron à votre goût, une pinte de crême, puis, un peu de lait frais, mêlez et glacez. Un litre.

OU BIEN :

Prenez un ananas pesant environ demi-livre, coupez-le en morceaux, brisez-le dans un mortier, ajoutez une demi-livre de sucre, le jus d'un citron, délayez bien le tout dans un mortier, passez au tamis, glacez ; on peut ajouter quelques tranches d'ananas confits. Un litre.

au gingembre.

Ecrasez six onces de gingembre conservée dans un mortier, ajoutez le jus d'un citron, une demi-livre de sucre, une pinte de crême, mêlez bien, passez au tamis, glacez. Un litre.

aux abricots.

A une demi-livre de conserves d'abricots, ajoutez une pinte de crême, le jus d'un citron, six amandes amères pilées, un verre de noyau. Mêlez dans un mortier, passez au tamis, et glacez. Un litre.

à l'orange.

Râpez légèrement deux oranges, autrement la crême serait amère ; pressez-les de même qu'un citron que vous ajoutez, mettez une pinte de crême et. une demi-livre de sucre. Passez au tamis, et glacez. Un litre.

à la vanille.

Pilez deux baguettes de vanille (ou plutôt une quantité à votre goût) dans un mortier, avec une demi-livre de sucre ; passez au tamis. Mettez-les dans une casserole avec demi-pinte de lait ; faites bouillir sur un feu lent, en ajoutant deux jaunes d'œufs ; remuez pendant tout le temps, ajoutez une pinte de crême et le jus d'un citron ; glacez. Un litre.

Crême simple.

A une pinte de crême, ajoutez le jus d'un citron, une demi-livre de sucre, un peu de noix muscade ; mêlez et glacez. Si elle est trop forte, ajoutez un peu de lait frais.

aux pistaches.

Prenez un quart de litre de pistaches et la même quantité d'amandes douces, blanchissez et pilez dans un mortier, ajoutez le jus d'un citron, une demi-livre de sucre, une pinte de crême ; passez au tamis et glacez. Un litre.

aux biscuits.

A une pinte de crême, ajoutez un peu de lait et deux onces de biscuits de Naples, le jaune de deux œufs, une demi-livre de sucre, remuez doucement sur un feu doux ; passez au tamis et glacez. Quand elle est glacée, ajoutez un verre de liqueur quelconque, et mettez-la dans les moules. Un litre.

au marasquin.

Une pinte de crême, le jus d'un citron, demi-livre de sucre, deux verres de marasquin ; mélez et glacez. Un litre.

au noyau.

Un pinte de crême, le jus d'un citron, demi-livre de sucre, deux verres d'eau de noyau ; mêlez et glacez. Un litre.

à la canelle.

Voyez Crême à la vanille, elle se fait de la même manière.

au café.

Prenez six onces de bon café en grains bien torréfié, mettez-les dans un vase en fer étamé, placez-le pendant cinq minutes dans un four ; faites bouillir une pinte de crême et une demi-pinte de lait ensemble, et mettez-les dans une cafetière, retirez le café du four et jettez-le dans la crême bouillante, couvrez-la jusqu'à ce qu'elle soit froide. Passez-la ensuite ; ajoutez une once arrow-root ; faites bouillir, ajoutez une demi-livre de sucre, et glacez. Un litre.

au thé.

Une pinte de crême, demi-pinte de sucre, une once de bon thé, ou la quantité suffisante pour une tasse ; mêlez avec la crême, glacez. Un litre.

Le conservateur de la Glace.

Cet appareil que nous avons annoncé est d'une utilité incontestable pour les personnes qui ayant des glacières, veulent se dispenser d'aller y puiser souvent. Il convient aux grands établissements, qui, devant faire des provisions de glace pour leur usage journalier, ont besoin d'un meuble où ils puissent conserver d'un jour, d'une semaine, d'un mois à l'autre, celle qu'ils auraient en excédant.

La disposition de cette machine est des plus commodes, et la forme la plus goûtée est celle qui réunit, au réservoir pour la glace, des tiroirs latéraux, où on peut facilement mettre au frais : bière eau, vin, viandes, poissons, fruits, etc., etc. On peut verser dans les tiroirs de cette machine, de l'eau ou de la bière, qui obligées de passer pour être soutirées par un jeu compliqué de tuyaux placé dans la glace, viennent sortir par le robinet aussi fraîches qu'on peut le désirer, et peuvent être remplacées au fur et à mesure par de nouvelles quantités.

APPENDICE.

La glace n'est que le rétablissement des particules composant l'eau, dans leur état naturel. Galilée fut le premier qui découvrit que la glace est plus légère que l'eau dont elle est composée, c'est pour cela que la glace surnage sur l'eau, sa gravité étant à celle de l'eau, comme *huit est à neuf*. Cette raréfaction de la glace semble due aux bulles d'air qui se forment dans l'eau par la gelée, et qui, étant considérablement plus nombreuses en proportion que la quantité d'eau gelée, rendent la glace plus légère ; ces bulles d'air en se formant acquièrent une si grande force expansive, qu'elles fontéclater ce qui les contient, quelque résistance qu'elles éprouvent.

Pluie de glace. — En 1672, au mois de décembre, il tomba en Angleterre une pluie qui, en atteignant les branches des arbres et la terre, se transforma en glace, et le poids occasionné par les glaçons s'amoncelant les uns sur les autres, fit crouler un grand nombre d'édifices et d'arbres auxquels ils s'attachaient. La pluie qui tomba sur la neige se gela immédiatement sans enfoncer davantage. Si un coup de vent avait suivi, il aurait pu avoir des suites terribles. Seize livres de glace furent trouvées sur un rameau de frêne qui ne pesait que trois quarts de livre. Le bruit occasionné par les branches couvertes de glace qui s'entrechoquaient effraya plusieurs personnes. Cette pluie de glace fut suivie de grandes chaleurs, et la végétation fut extrêmement précoce.

Le Marché de glace. — Il y a à St-Pétersbourg, pour la vente des provisions, un endroit où tout est gelé. C'est une place ouverte où sont placés plusieurs milliers de corps d'animaux gelés, entassés en pyramides ; ce sont des vaches, des porcs, des moutons, de la volaille, du poisson. du beurre, tout cela est gelé et raide comme de la pierre. Les poissons sont très-beaux, et conservent la même couleur que lorsqu'ils sont en vie. Les autres animaux offrent un aspect bien moins agréable ; on en voit des milliers se tenant sur leurs jambes de derrière et entassés les uns sur les autres; les uns paraissent sur le point de marcher, d'autres de faire des sauts, et l'on dirait qu'ils ont été gelés au moment même d'agir. Ils sont si durs, que pour les partager pour la vente on les coupe comme du bois, et il s'en détache des éclats tout comme s'ils étaient faits de bois ou de charbon de terre.

Congélation par le moyen de la pompe à air.

L'ingénieux docteur Cullen paraît avoir été le premier qui ait fait servir le vide d'une pompe à air pour hâter l'évaporation des liquides, pour l'abstraction de la chaleur, ou pour la congélation artificielle. En 1775, il vida une fiole d'éther dans un verre d'eau, il le plaça sous le récipient, retira l'air, et l'éther se mit en ébullition, tandis que l'eau qui l'entourait était glacée. En 1777, M. Edouard Nairne, opticien à Londres, publia dans les transactions de la Société royale, « un récit de quelques » expériences faites avec la pompe à air. » Après avoir fait savoir, que : à un certain degré de raréfaction, l'humidité de la pompe forme une vapeur qui influait sur les résultats comparatifs avec la jauge mercurielle ou le syphon, il dit : « Je mets de » l'acide sulfurique dans le récipient, afin que » le restant du contenu du récipient ne soit que de » l'air permanent, sans vapeur. » Il a pu, par le moyen de cette sécheresse artificielle, mettre en évidence plusieurs phénomènes de l'électricité. M. Nairne tenta ensuite de produire du froid artificiel avec la pompe à air. Voici ce qu'il dit à ce sujet : « Ayant depuis peu reçu de mon ami le » docteur Lind de l'éther préparé par M. Wolfe, » je désirais essayer si je ne pourrais produire un » degré considérable de froid, par l'évaporation de » l'éther sans son récipient. » Conformément à ce qu'il dit, il parvint à faire descendre le thermomètre qu'il trempait de temps en temps dans l'éther, *in vacuo* 103° plus bas que 56° que marquait la température de l'appartement.

M. Nairne n'essaya pas de faire condenser la vapeur *in vacuo* par des moyens chimiques, qui auraient pu occasionner une seconde formation de vapeur tirée de la surface liquide. Après que M. Nairne eût, en détruisant la vapeur de l'eau par le moyen de l'acide sulfurique, créé une sécheresse artificielle, il semblait qu'il n'y eût qu'un pas à faire pour produire un froid artificiel, mais il paraît que personne ne le tenta depuis 1777 jusqu'à 1810, quand le professeur Leslie fut naturellement conduit à le faire par ses recherches scientifiques, sur ce qui concerne l'évaporation et l'hygrométrie. Au mois de juin 1810, Leslie ayant placé une surface d'acide sulfurique sous le récipient d'une pompe à air, et un verre de montre plein d'eau, trouva après avoir pompé pendant un moment que l'eau s'était transformée en glace solide, qu'il laissa dans le milieu; raréfié, au bout d'une heure, le morceau de glace avait entièrement disparu, s'étant évaporé. Quand l'air a été raréfié 250 fois, c'est-à-dire autant que possible, la surface d'évaporation est réfroidie jusqu'à 120° Fahrenheit en hiver. et probablement, si l'évaporation et la condensation étaient plus fortes, le thermomètre descendrait jusqu'à 200° en été. Si l'air était raréfié seulement 50 fois, une dépression de 80° ou même de 100° aurait lieu.

Nous pouvons par ce moyen, pendant la saison la plus chaude, faire de la glace et la maintenir dans un état de congélation jusqu'à ce qu'elle s'évapore peu-à-peu et invisiblement.

La Glace au Bengale. Effet de la rosée.

On peut attribuer la formation de la glace pendant la nuit au Bengale, tandis que la température est à 32°, à la grande quantité de chaleur qui s'élève de la terre.

Les nuits les plus favorables à cet effet, sont celles qui sont les plus calmes et les plus sereines, et pendant lesquelles l'air est tellement pur. qu'il tombe une légère rosée après minuit. Les nuages et les changements de vent empêchent la congélation. Trois cents personnes sont employées en un seul lieu pour faire de la glace. Elle se fait dans des espaces entourés de murs hauts de quatre pouces, bâtis sur quatre ou cinq pieds de diamètre. On place d'abord dans ces enclos, une couche de paille très-sèche ; sur cette paille, on met de grands vases en terre non vernissés et très-évasés remplis d'eau non bouillie. Le vent qui aide tant l'évaporation, empêche la congélation, cependant la rosée qui tombe plus ou moins pendant la nuit forme la glace dans la proportion.

Si l'évaporation était nécessaire pour la congélation, il n'y aurait qu'à mouiller la paille ; mais il est absolument indispensable au succès du procédé, que la paille soit très-sèche. La paille humide conduit la chaleur et attire la vapeur de la terre, de façon à empêcher la congélation.

Manière de remplacer la Glace.

Quand on ne peut pas se procurer de la glace, on peut la remplacer jusqu'à un certain point, par de l'eau de puits. Quand un puits a quarante ou cinquante pieds de profondeur, la température de l'eau qu'il contient est la même que la température moyenne du pays; conséquemment, l'eau est bien plus froide que n'est la température ordinaire de l'été; alors si on tire un seau d'eau, qu'on y place une bouteille de liqueur quelconque, on obtient une fraîcheur considérable qui peut être encore augmentée en renouvelant l'eau de temps en temps. Quand on veut conserver frais des comestibles, on peut les placer dans un panier attaché au bout d'une corde, qu'on fait descendre dans le puits et qu'on fixe lorsque le panier est à deux pieds de l'eau. Des trous profonds dans la terre, des caves ou des grottes, peuvent offrir le même avantage que le puits à cet égard.

De la couleur de la Glace.

La couleur de la glace des différentes rivières varie aussi bien que la teinte des eaux, et cela ne dépend pas de causes accidentelles, comme le dit Davy, car, si cela était, il n'est pas probable qu'elle eût la même couleur chaque année. Ritter Von Wurzer, dans les archives de Karsten, T. 18, p. 103, dit : « J'ai toujours observé que l'eau et la glace du Rhin, sont toujours bleuâtres, tandis que la glace de la Moselle est toujours verdâtre. La glace des petites rivières qui se jettent dans le Rhin, par exemple celle de la Rube est ou blanche ou vert pâle. Il y a plus de 70 ans que Liedenfrost remarqua cette circonstance. Cette différence de couleurs est si frappante, que les bateliers se guident d'après cette connaissance, et souvent quand ils rencontrent des blocs de glace savent s'ils sont formés de l'eau de la Moselle ou de celle du Rhin. Il n'est pas probable que la couleur verdâtre soit causée par des végétaux décomposés ; la glace transparente de l'eau du Rhin est bleu de ciel; la glace de la Moselle est verte. Et pourquoi cette couleur est-elle la même chaque année? Pourquoi l'eau des ruisseaux qui coulent dans les bois n'est-elle pas verte ? Pourquoi l'eau de la mer est-elle verte, même à cent lieues de la terre? La cause de cette différence de couleurs n'a jamais été découverte. Nous allons donner quelques détails sur un palais de glace qui fut bâti à Saint-Pétersbourg, sur les bords de la Newa; on avait d'abord eu l'intention de bâtir le palais sur la Newa même, afin d'être aussi près que possible de la source des matériaux. Il fut commencé sur la rivière en 1739, mais, dit l'auteur d'où nous tirons ces détails : La glace qui avait supporté plusieurs milliers d'hommes armés, des canons dont on s'était souvent servi, et le poids d'une forteresse de glace et de neige, forteresse qui avait été attaquée et défendue selon les règles d'un siége et enfin prise l'épée à la main, cette glace s'enfonça sous le poids des murs du palais, dès qu'ils furent élevés à une hauteur considérable ; il était alors visible qu'elle ne pourrait supporter le poids de la construction si elle était terminée. En conséquence de cet échec, on résolut de bâtir un palais sur la terre ; on choisit un emplacement à cet effet, le bâtiment fut alors recommencé.

On choisissait pour cet édifice la glace la plus pure et la plus transparente ; elle était taillée à l'équerre et au compas, en gros blocs sur lesquels on sculptait des ornements. Quand chaque carré de glace était ainsi préparé, on le plaçait sur celui qui devait le supporter, mais avant, on jetait un peu d'eau entre les deux blocs, alors cet édifice semblait taillé d'une seule pièce ; l'eau en se gelant unissait si étroitement les différents carrés, qu'aucune jointure n'était visible. Cette glace était bleuâtre et très-transparente. Ce palais avait cinquante-six pieds de long, sur dix-huit de large et vingt-un pieds de haut. Il était entouré d'une palissade longue de quatre-vingt-six pieds, et large de trente-six ; ayant des pyramides aux coins; tout compris, il avait cent quatorze pieds d'un bout à l'autre. La facade était divisée en compartiments formés par des colonnes, entre chacune desquelles était une fenêtre dont les châssis étaient peints de manière à imiter du marbre vert. Il est à remarquer que la couleur s'attacha très-bien à la glace. (Le thermomètre de Fahrenheit s'arrêta, d'après les observations de Delille, le 5 février, à 30°. au-dessous de zéro.) Les vitraux étaient formés de tables de glace aussi transparente et aussi unie que les carreaux en verre de Bohême ; la nuit, ces fenêtres étaient toutes illuminées ; et fréquemment, on plaçait derrière des transparents peints sur canevas, chargés de sujets grotesques ; on représente cette illumination comme ayant été d'un effet magique ; le palais entier étant rempli de lumières éblouissantes. Dans les divers appartements, il y avait des tables, des chaises, et toutes sortes de meubles en glace. Devant la façade du palais, outre les pyramides et les statues, on avait placé six canons de 6 livres de balles et deux mortiers de glace. On fit un essai de ces canons avec des boulets sans qu'ils se rompissent. Cette expérience eut lieu en présence de la Cour, et les boulets percèrent une forte planche à deux pouces de profondeur, à la distance de soixante pas. Les mortiers étaient du calibre de ceux qui lancent une bombe de quatre-vingts; quand on en fit usage, la charge de poudre était la même que pour les canons. Le même auteur ajoute, que cette glace ne fut pas inutile après la destruction du palais, car on se servit des blocs énormes qui formaient les murailles pour remplir les caves et celliers de la résidence impériale. En conséquence, nous voyons que même en Russie, pas plus loin qu'en 1740, la glace était considérée comme un objet nécessaire à l'office d'une impératrice de Russie.

Au Pic de Ténériffe, il existe une caverne où la glace se conserve durant toute l'année par des causes naturelles. Ce glacier souterrain est placé au-dessous de la limite des neiges perpétuelles, et dans une région où la température moyenne n'est probablement pas plus basse de 37° Fahrenheit. Il n'est pas alimenté comme les glaciers des Alpes, par l'écoulement des eaux de neige qui descendent de la montagne ; il paraîtrait que la glace se conserve parce que la caverne dans l'hiver se remplit d'une grande quantité de neige et de glace, tandis que durant l'été, les rayons du soleil ne peuvent pénétrer par l'ouverture de la caverne, au point de donner une chaleur suffisante pour fondre la masse entière.

On a émis beaucoup de théories au sujet de la différence remarquable qui existe entre l'apparence de la glace produite par *l'Appareil frigorifique*, et celle qui provient de l'action naturelle du froid. Si l'on compare cette dernière avec celle que forme l'action des mélanges, on distinguera facilement la transparence cristalline de l'une et la semi-opacité de l'autre; pour se rendre compte de cette transparence différente, il faudra s'éloigner du sujet pour chercher dans les analogues une raison plausible de ce défaut de similitude, et on arrivera à signaler de semblables effets produits par les mêmes circonstances, et ainsi à tracer les relations physiques qui existent entre ces diverses irrégularités. On rencontre dans l'état de nature, plusieurs substances qui présentent sous l'empire de différentes circonstances, les unes relativement aux autres, diverses anomalies. Ainsi, nous trouvons le silex, sous deux formes, le quartz et le cristal de roche ; le diamant, sous son apparence laiteuse et dans son état de transparence éclatante; fréquemment on rencontre l'alumine en masses opaques et fortes, et rarement on la trouve à l'état transparent de rubis ou de saphir. Le carbonate de chaux nous présente dans le marbre de Carare, une opacité qu'il n'a pas dans la marcassite d'Islande qui est si brillante et si transparente. Voilà donc des exemples d'analogie suffisans dans lesquels les substances brillantes se trouvent dans un état amorphe et non transparent; mais où la transparence cristalline apparaît évidemment dans leurs arrangements atomiques. Pour que cette harmonie atomique, régulière, des particules qui composent toute substance puisse avoir lieu, il est nécessaire que le passage du fluide à l'état solide, soit lent et gradué, et que le fluide, durant cette transition, puisse reposer sans agitation et sans trouble. Si on veut observer ce que produit le trouble, l'agitation, sur la cristallisation d'une solution aqueuse où la transparence de la masse se trouve détruite, quoique cristallisée : le sulfate de soude est un exemple de ce que nous avançons.

Remplissez de sulfate de soude, une bouteille à huile de Florence, soit un *fiasco*, et ensuite, vous ajouterez autant d'eau froide qu'il en faudra pour couvrir le sulfate de soude jusqu'à la naissance du cou de la bouteille ; placez ce flacon dans une casserole pleine d'eau froide, laissez-la sur le feu jusqu'à ce qu'il y ait entière ébullition, et que le sel soit totalement dissous ; ôtez alors le flacon, bouchez-le bien hermétiquement avec un bouchon élastique ; couvrez le bouchon avec un morceau de vessie ou de parchemin mouillé que vous lierez au cou du flacon. Quand le mélange sera tout-à-fait froid, ôtez le bouchon et à l'instant même, le contenu du flacon deviendra solide ; la bouteille s'échauffera et dans l'obscurité vous pourrez voir des éclairs électriques en sortir au moment de la cristallisation; la masse, au lieu d'être transparente. sera opaque, et aura la même apparence laiteuse que notre glace artificielle. Toute cristallisation troublée par quelque agitation, donne toujours des résultats semblables; c'est-à-dire, que les masses produites sont opaques au lieu d'être transparentes. D'autres exemples viendront corroborer notre assertion: remarquons que la formation du marbre est le résultat des dépôts de courants qui sont toujours en mouvement, et qui tiennent toujours les substances déposées dans un état de trouble; les stalactites qui descendent des voûtes des cavernes et des grottes, sont formées de cristallins comme le marbre, et sont opaques comme lui.

De toutes ces données, on peut tirer raisonnablement la conséquence que l'opacité marbrée de la glace artificielle est due à la rapidité de congélation de l'eau, qui, troublée par le mouvement ou plutôt le tremblement de la machine durant l'opération, ne peut conserver entièrement sa limpidité cristalline; et en effet, aucune de ces causes d'irrégularité ne troublant la formation de la glace naturelle, sur la surface d'un étang ou d'un lac, elle est posée, claire et limpide ; mais, si durant les temps de gelée, un vent violent vient rider leur surface, la glace présente la même opacité, la même confusion. La glace artificielle, en outre, étant moins exposée à l'action de l'air atmosphérique, ne peut se polariser comme la glace naturelle.

Revenant à l'utilité et à l'application de la glace artificielle, on peut avancer sans crainte d'être contredit, qu'en l'envisageant au point de vue thérapeutique seulement, l'application devenue facile, sera d'un immense avantage pour certaines maladies, et qu'indépendamment de son utilité culinaire, l'appareil à faire la glace, comme moyen rapide, facile et convenable, deviendra indispensable aux hôpitaux, aussi bien qu'à beaucoup d'autres établissements importants.

Dans les maladies inflammatoires et fébriles, les breuvages acidulés et aromatisés qu'on pourra se procurer à l'état de glace, au moyen des formules renfermées dans cet ouvrage, pourront être administrés avec un grand succès.

Le docteur Reid, dans son ouvrage sur les ablutions froides dans les fièvres chaudes, dit : que dans les cas très-nombreux où l'extrême soif, la prostration des forces, l'épuisement, l'insomnie, le délire extravagant ont lieu, l'application sur tout le corps de l'eau glacée, au moyen d'une éponge, appaise la soif, rétablit les forces, calme le patient, chasse le délire et provoque le sommeil, après lequel le malade s'éveille dans un état satisfaisant; et que tous ces symptômes d'une surexcitation excessive peuvent être prévenus, en donnant au malade d'abondantes tisanes glacées, toutes les fois qu'il incline à en prendre.

A-t-on besoin d'un antiphlogistique ou d'un calmant local, efficace, on le trouve dans les disques ou les calottes de glace, et quand elle produit un froid suffisant pour congeler le mercure, l'un ou l'autre indistinctement peuvent servir de vésicatoires ou de contre-stimulants, et on l'emploie avec succès pour détruire le poison dans les morsures des animaux attaqués de la rage.

Aucun remède n'a été employé avec moitié autant de succès contre les hémorrhagies; il remplace avec avantage une clé froide ou un linge mouillé appliqué sur la nuque du cou durant les saignements de nez. C'est encore une panacée efficace dans les hémorrhagies de l'utérus. Où le médecin trouvera-t-il un remède, qui par la vertu de sa baguette magique, sera, tour-à-tour stimulant et débilitant, autre que l'eau froide ou la glace? Trouvera-t-il quelque remède qui résume la médecine universelle aussi bien que l'eau chaude et l'eau froide, la glace à 32° et celle à 40° au-dessous de zéro (Farhenheit)? Cette substance dans ses diverses phases est à la fois un calmant et un stimulant diaphorétique, sudorifique, diurétique excitant et réfrigérant, émollient et corroborant, astringent et relâchant. Dans les obstructions hépatiques et viscérales entretenues par l'excitement, ce remède est d'une efficacité au-dessus de tout ce qu'on peut en dire.

Enfin, la médecine trouve dans l'application de l'eau et de la glace, comme remèdes, toutes les gradations si désirables dans les agents thérapeutiques. Ces réflexions appartiennent à un médecin, qui, dans le cours de sa carrière, en a fait l'expérience avec un succès continuel.

Explication de la planche.

Nous avons indiqué précédemment de quels accessoires se composait la machine à faire la glace, nous allons maintenant donner l'explication de l'appareil d'après la planche qui se trouve à la fin du livre.

Ce meuble peut être placé indistinctement dans la cuisine, à l'office et même dans la salle à manger; il est peu embarrassant, fort simple, et peut être facilement transporté d'un lieu à un autre.

Le dessin n° 1, représente le plus petit modèle, il pèse emballage compris de 25 à 35 kil. On peut en obtenir par chaque opération 1 kil. 750 gr., eau congelée dans le moule, et 1 kil. 750 gr., crêmes ou boissons glacées dans la sorbetière. Il est du prix de 120 fr.

Le n° 2 est le modèle moyen, et donne presque le triple du n° 1, en glace et en sorbets ou crêmes glacées, son poids est de 75 kil., et il coûte 175 fr.

Le n° 3, figure une machine double du n° 2, et pouvant donner aussi le double de produit, et coûte 335 fr.

Le n° 4 est un conservateur pour la glace, ayant quatre compartiments ou tiroirs dans lesquels on peut tenir au frais, vin, bière, poisson, viande, gibier, etc., la glace se trouvant dans le cinquième compartiment qui occupe le milieu du meuble, et peut contenir 300 kil. de glace, son prix est de 1,000 fr.

Le n° 5 est un conservateur plus petit, du prix de 400 fr.

Le n° 6, représente un baquet en porcelaine, soutenant une couronne de glace au milieu de laquelle se trouvent des carafes à rafraîchir.

APPAREIL

POUR NETTOYER LES COUTEAUX.

Les avantages immenses que procurera l'usage de la machine rotative pour nettoyer les couteaux dans les établissements, pour lesquels elle est une nécessité, rendra son coût de peu d'importance.

Parmi ces avantages, il faut considérer en première ligne, que les couteaux ne s'usent pas aussi vite par ce procédé de nettoyage qu'avec la planche à couteaux, et qu'une douzaine de couteaux nettoyés avec la machine durera autant que trois douzaines nettoyés différemment. Les couteaux retiennent toujours leur poli primitif jusqu'à la fin, et s'usent également d'un bout à l'autre. La beauté de l'ivoire et des autres manches se maintient beaucoup plus longtemps, puisqu'il n'y a pas de nécessité de les mettre dans l'eau chaude, et ils ne peuvent être décolorés ou gâtés par la transpiration de la main de celui qui les nettoie, ce qui arrive évidemment, et en altère la propreté quatre fois plus que l'usage qu'on en fait pour manger. De plus, l'économie du temps est considérable, puisque chaque quantité de couteaux insérés dans la machine peut être nettoyée chaque fois en trente secondes ; quel autre procédé connu de nos jours peut égaler celui-ci ou même en approcher ? Un homme peut à l'aide d'une machine un peu forte, faire le travail de quatre ou cinq personnes, ou en d'autres termes, il pourra faire en une heure autant de travail qu'il en ferait en quatre ou cinq heures, étant privé de ce moyen, et chacune de ces heures de travail serait aussi pénible qu'une heure avec la machine. Ainsi donc, elle laisse trois ou quatre heures à employer à d'autres travaux. Mais ce n'est pas tout. Cette machine peut être construite de manière à pouvoir nettoyer toutes sortes de coutellerie, les armes à feu, bayonnettes, armes blanches, et leur donner un poli fin et luisant, sans bruit et sans poussière. Il n'est pas nécessaire de faire observer que la machine pour nettoyer les armes, etc., etc., doit être plus grande que celle pour les couteaux, et que les pièces, au lieu d'être placées verticalement, doivent l'être horizontalement. Elle est par cela même d'une utilité indispensable aux couteliers, aux fabricants d'outils et instruments, puisque dorénavant, ils peuvent tenir leurs produits parfaitement propres, presque sans fatigue.

Le volume de la machine varie selon l'importance des établissements auxquels on le destine.

L'opération pour nettoyer, comme elle est indiquée, dure une demi-minute ; le coût de la machine est de 35 fr. à 300 fr.

Cette machine est d'une construction si simple qu'elle détourne toute chance de dérangement. Les brosses peuvent durer pendant quelques années, et quand il s'agit de les renouveler, c'est une dépense de peu d'importance, car les plaques demeurent intactes.

On appelle l'attention des propriétaires d'hôtels, des maisons de réunion, clubs, maisons garnies, paquebots à vapeur, colléges, etc., etc., sur cette machine dont l'utilité est bien sentie.

www.ingramcontent.com/pod-product-compliance
Ingram Content Group UK Ltd.
Pitfield, Milton Keynes, MK11 3LW, UK
UKHW012045240726
13965UKWH00003B/1044

9 782013 494168